U0274850

日本名城解剖书

〔日〕中川武 监修
〔日〕米泽贵纪 著
史诗 译

南海出版公司

新经典文化股份有限公司
www.readinglife.com
出　品

目录

第2章 解读现存天守

第3章 复原的城

第 4 章　复兴的城

序　言

喜欢城的年轻人极其罕见。随着年龄增长，逐渐懂得人情世故，即使不能像统治“一国一城”的城主那样独当一面，但有了一定地位，经受过不能或不想为他人所知的艰辛，就会渐渐喜欢上城。这样的经历往往成了把握城之真髓的契机。

在依靠狩猎和采集为生的时期，人类曾为了追求好的猎场相互争夺地盘。农业出现后，人们开始储备食物，同样伴随着争夺。人世间的纷争无法避免，为了消除氏族、部族和地区间的争斗，国家形成了。这是人类的智慧，但也从此拉开了国家间更大规模战争的序幕。这真是个让人头疼的社会。

结合各个地区的具体地势和国家间的竞争态势，回顾国家形成的大致过程，就会发现人类历史上出现的各类国家：氏族国家、部族国家、地域联合国家、亚洲式专制国家、古典古代国家、中世封建国家、绝对主义王政国家、近代国民国家……在此就不逐一分析了。但如果解剖日本的城，纵观其历史全貌，就会发现它们与世界史上某一类国家筑造的城存在共通之处，这是我想提醒诸位注意的地方。

在城相当于据点的漫长历史中，在超近代国家与全球化激烈竞争的当代，“城是什么”是个引人入胜的问题，其回答很可能会变成一篇从文明史论的角度研究城的论文，却解释不了人为什么会爱上城。不过，

在城吸引人的理由中，有一点特别重要，即无论这座城属于历史上的哪个阶段，必定包含着某些要素，能让人想起人类漫长历史中的某一画面。可以说，城具体表现出了某个国家、地区或封建共同体强烈的生存意志。

说到日本，大部分吸引人的城都建于战国时代①结束、统一全国的志向再度出现的时期之后。这是因为截至战国时代的城相当于据点，其目的只是在敌人进攻时活用地势，完成合理的防御（这也催生了不少热烈的美，但这一目的毕竟过于狭隘）。与此相对，在乱世中渴望建立中央集权国家并掌握霸权的织田信长和丰臣秀吉等人建造的城，尤其是城中的天守阁，简单明了地象征着世界的中心性与唯一性。当时的建筑技术已经具备了相当的经济性与合理性，而且建造者还充分运用建筑样式、装饰和工艺美术等方面的所有技巧，强调权威、至尊与全新的制度。这一时期的天下人②之城并非在漫长的历史中渐渐形成，而是在短时间内集中了当时最高的生产力与组织力，体现出极高的规划性，堪称前所未见。当时的人们憧憬着新世界，这种感受表现在城中，让城的历史变得更加丰富。

①日本的战国时代指室町幕府到安土桃山时代，多认为是 1467 ~ 1615 年。②这里的“天下人”指掌握天下的政权之人。

德川幕府统治的江户时代是中央集权（以亚洲式的古代性与全国市场为前提，以手工业经济的发展为条件）与武家中世封建制的巧妙融合，带来了经济与文化的全面发展，这在世界史上也极为罕见。这一现象的象征就是全日本各藩的城和城下町。透过各座城的特点，我们可以窥见各位领主的人格、各个地方的历史文化与祥和的市井风情。尽管背后隐藏着许多悲凄惨痛，每个人却都有“一国一城”独当一面的梦想，而孕育这种日式励志故事的，正是江户时代的城下町创造的城。人们一旦功成名就，便会意识到每个人都会有各自的梦想。

然后，人就会爱上城。

中川武

序章

城的基本知识

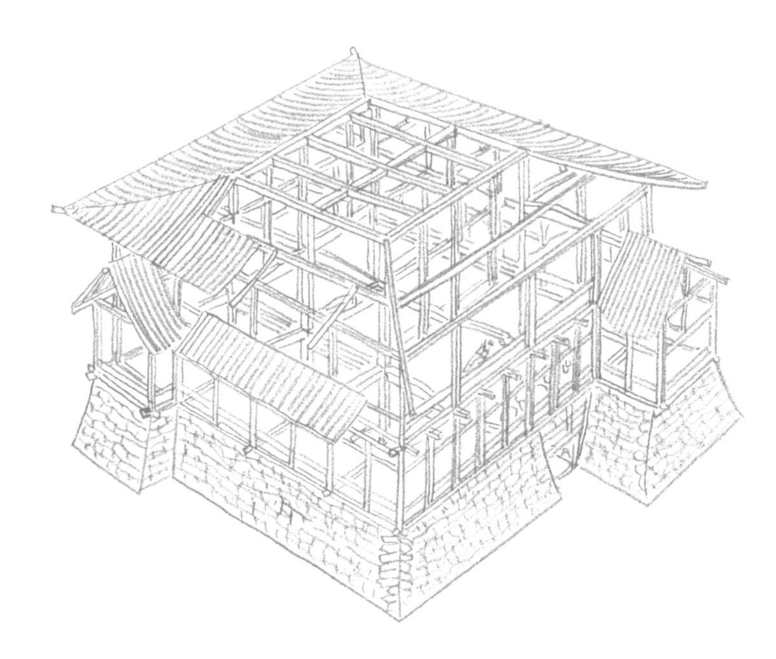

了解天守的基本知识

天守按结构分为 4 种

天守（天守阁）是城的象征。它具备防御功能，又是城的标志。根据它与小天守①或橹（见第 13 页）的组合方式，可以将天守结构归纳为以下 4 种：

· 独立式：天守没有附带付橹或小天守，如德川大阪城（见第 127 页）。

· 复合式：天守与付橹直接相连，如彦根城（见第 67 页）。

· 连结式：小天守等通过渡橹与天守相连，如熊本城（见第 86 页）。

· 连立式：数个小天守或橹通过渡橹等与天守连成环状，如姬路城（见第 58 页）与和歌山城（见第 102 页）。

天守的结构

独立式

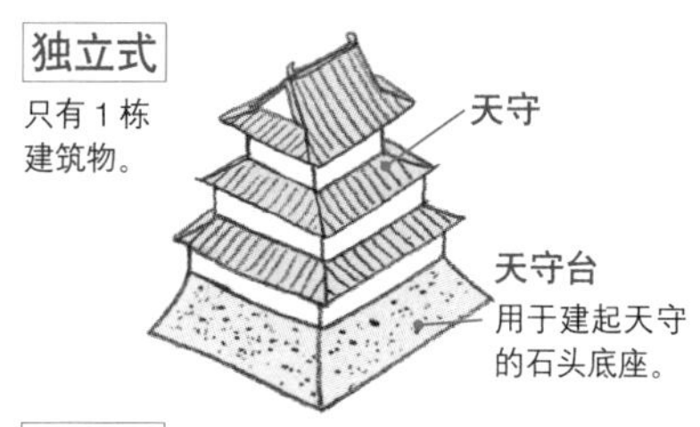

复合式

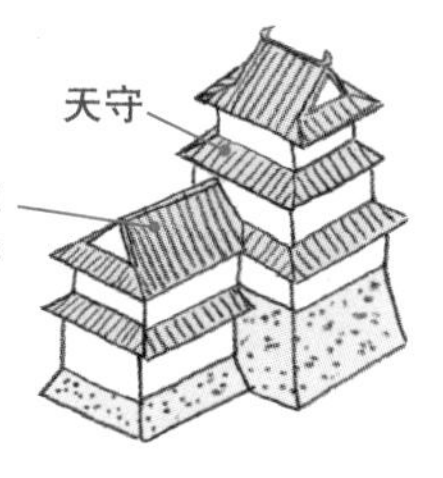

连结式

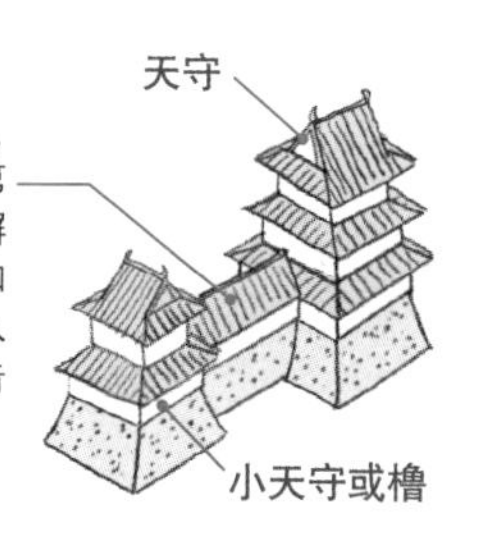

连立式

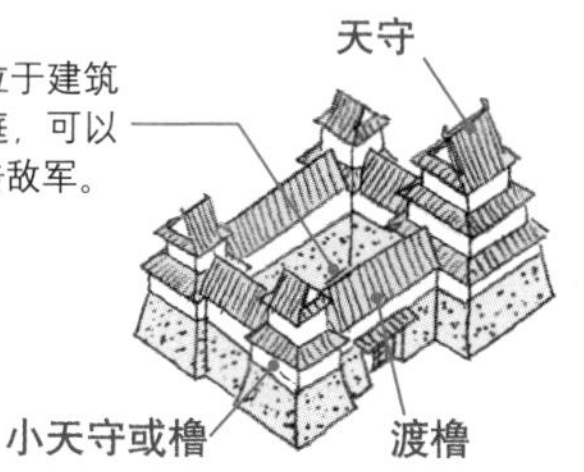

天守的形状

望楼型

丰臣大阪城（见第126页）

在 1 阶或 2 阶高的大型入母屋造建筑上建有 1 阶到 3 阶不等的望楼，两部分的结构相互独立。

层塔型

德川大阪城（见第127页）

各层结构独立，依靠柱子位置的搭配层层垒起。在层塔型的天守建筑中，必须显露出来的破风只会出现在最上重的入母屋式屋顶③。

①如果有多个天守，最大的一个称大天守，其他称为小天守。②位于桥的两端，用来支撑桥身。③屋顶上部为切妻式，下部四周附有庇，中国叫歇山屋顶。

此外，还有复合式和连结式并存的情况，如松本城（见第 64 页）。

天守的形状分为望楼型和层塔型

天守属于高层建筑，构筑方法分为望楼型和层塔型。望楼型是在巨大的入母屋式屋顶上搭建望楼，见于初期的天守。层塔型是从 1 重开始按顺序垒起，出现时期相对较晚。

天守的优美设计

破风[1]是天守外观主要的装饰元素，分为与屋顶形状相关的入母屋破风、切妻破风，以及装饰色彩浓厚的千鸟破风和唐破风。破风板上垂下的悬鱼一般都经过雕刻，具有装饰作用。华丽的火灯窗上部呈曲线，格子窗很实用，二者的大小和格子棱粗细也能表现特定风格，装饰天守。

天守的设计

入母屋破风

从入母屋式屋顶山面（与屋脊垂直相交的面）伸出的三角形部分。

木连格子

也称"狐格子"，是由木条纵横交叉形成的格子，格子里侧镶有木板，有的也会涂灰泥。

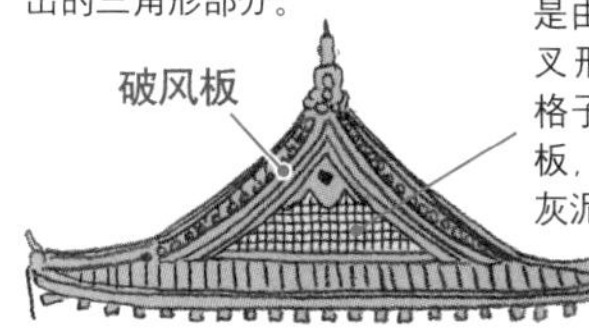

切妻破风

位于切妻式屋顶（山形屋顶）山面的三角形部分。

悬鱼

装饰板，可以保护伸出山面的栋木[2]或桁[3]的前端。

涂笼

用灰泥涂满整个山面。

千鸟破风

附于屋顶斜面上的三角形部分，用于装饰、采光和通风，在天守中也可成为迎击敌人的场所。

唐破风

上部呈曲线的破风，附于屋檐前端的轩唐破风也很常见。

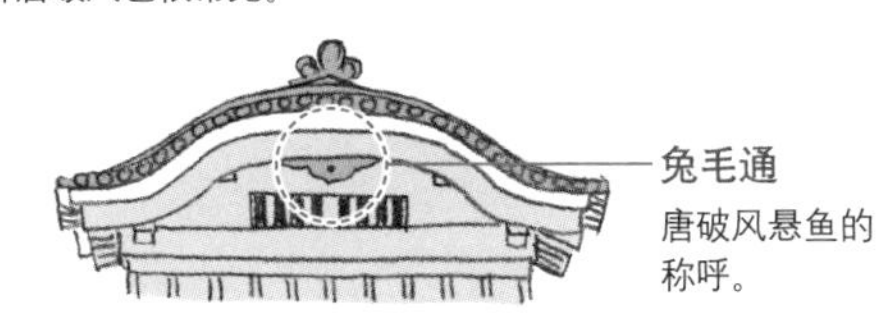

兔毛通

唐破风悬鱼的称呼。

火灯窗

窗框呈曲线，最初出现在寺院建筑中，后来也用于御殿和城郭的建造。

格子窗

棒状建材按一定间隔排列建造，难以窥见内部，也不便入侵。为了城郭的防御，常在极小的面积上使用粗壮的格子子。

格子子

制作格子窗的材料，其粗细和间距决定了格子窗的样式。

鯱

装饰在正脊上的鯱（鸱吻）拥有老虎般的头部，是一种想象中的鱼，是驱除火灾的符咒，多用青铜或瓦制造。在将军的城中，鯱上饰有金箔或金板。

①屋顶山面的合掌形板，也称为破风板，或指被其包夹的部分。②三角形屋顶最上方贯通整栋房子构成屋脊的梁木。③俯视长方形建筑，其中较长一边使用的梁木。

了解城的结构

城由以天守为主的建筑群和土垒、石垣等组成。

天守——从防御据点到权威的象征

天守是城的象征，也是战争中最后的防御据点。在战国时代，城中心一般建有多层建筑，这是天守的起源。后来，织田信长的安土城（见第 31 页）和丰臣秀吉的大阪城（见第 126 页）将天守发展为大规模的豪华建筑。

御殿——日常的工作空间

御殿是城主执行公务、日常生活的场所，建筑特征也与此相符。内部多

城的构成

天守

江户时代的很多天守不适合居住，更重视外观的象征性。

栏杆

多附于天守最上阶，是眺望用外廊的栅栏，同时起到装饰作用。有些天守的回廊没有实际用途。

比翼千鸟破风

两个千鸟破风并排称为比翼千鸟破风。同样，两个并排的入母屋破风称为比翼入母屋破风。

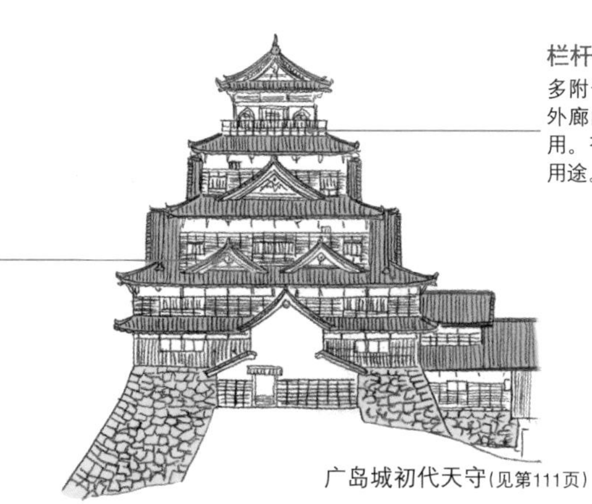

广岛城初代天守（见第111页）

御殿

位于城内，强调居住功能，包括城主和夫人的起居室、面见家臣的房间和处理政务的房间等。外墙可见柱和梁①，为真壁②造。

名古屋城本丸御殿（见第83页）

广间（名古屋城为大广间、表书院）

广间是御殿的中心，城主在此与他人会面。内部设有壁龛和搁板，铺有榻榻米，是典型的书院造。

玄关

御殿的正式入口，与外部的交界处设有车寄③，外形一般采用唐破风等。

①俯瞰为长方形的建筑中较短一边使用的梁木。②指露出柱子的墙壁。③车寄指在玄关前建造的、由屋顶延伸出的停车空间。

为豪华的书院造（见第 26 页）。特别是到了江户时代，天守成为“权威的象征”，御殿作为藩政的中心设施，其建筑越来越完善。

橹——从防御到眺望的多种功能

橹是城的防御据点，承担警戒和储存武器的任务，有一重的平橹，也有三重橹。主要的防御地点一般建有二重橹或三重橹，石垣上则为多闻橹（见第 26 页）或渡橹。进入和平时期后，不少城也建起了月见橹，用来享受眺望的乐趣。

门——守护城的第一道要塞

门矗立在曲轮①的出入口。从这里走到内部的本丸（见第 24 页），必须经过好几道门，多为高丽门和栋门（见第 26 页）。特别注重防御之处会在门上部加盖橹，形成橹门，与高丽门一同构成枡形（见第 26 页）。

橹

即使在同一座城中，用途、位置和喜好的不同，橹也会呈现出千姿百态。可以根据大小、外观、狭间（见第 54 页）和石落（见第 54 页）的数量与位置来判断橹的用途，过程非常有趣。

重层橹

在重层橹中，最上阶或用于眺望，或摆放通报信息的太鼓。由于外形醒目，有时也带有象征意味。

壁

壁的施工手法与天守相同。主要有两种，涂灰泥与下见板②搭配，或纯粹的灰泥壁。有时也用能够看见柱子的真壁。

门

防止敌人入侵的重要设施，相当于城的玄关，一般建得很威严。外形多种多样，从简洁的门到与橹相连的大型门都有。

冠木

位于门上部的横木，由主柱支撑，多用粗壮美观的木材，是门上具有象征意义的部分之一。为了加固或装饰，冠木和柱子有时会包上铁板或铜板，并附上金属部件。

①指城的一个区划。各个曲轮相连组合，形成完整的城。② 附在墙壁外围的护墙板。

土垒、石垣——防御的基础

土垒用挖掘产生的土建成。土垒和堀都是城的防御基础。战国时代的城广泛使用土垒，特别是在东日本，利用土垒形成的防御系统十分发达。自古以来，石头堆积的石垣也是防御手法之一，但 16 世纪下半叶才真正用到城寨要塞中。最初的石垣坡度平缓，也无法积累过高，但到了 16 世纪末期，技术飞速发展，出现了倾斜度大、让人难以攀登的高石垣。

塀——土塀是主流

塀建在石垣或土垒之上，设有狭间（见第 54 页），可以阻止外敌入侵。近世[①]城中的土塀多涂有灰泥。

保护城的重要构造

土垒

土垒由土夯实建造。有利用不同种类土或沙层层堆积而成的版筑土垒，也有仅仅敲击加固的夯筑土垒。为了不让土垒崩塌，人们也花了很多工夫，包括种植草坪和细竹、加建低矮石垣。

忍城土垒（见第132页）

石垣

石垣是参观城的乐趣之一。根据石头的润饰情况，石垣分为野面积（毛面砌法）、打込接（嵌楔法）和切込接，堆积方法则有布积、乱积和落积等。此外，在石垣的转角处，还可以看到为了增加强度而采取的算木积。

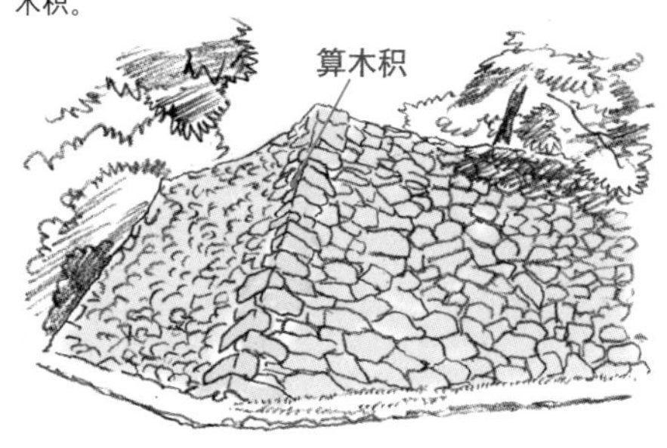

小诸城天守台（见第43页）

石垣的种类

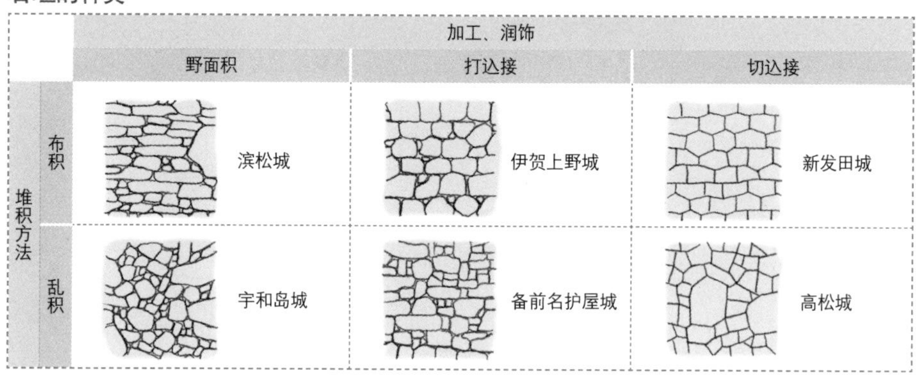

①近世大致对应西方的近代早期（early modern period），时间跨度大致为 16 世纪～ 19 世纪初，以事件划分，即欧洲中世纪之后，到法国大革命（1789 年）。②水攻是攻城方切断城中水源或将河水引入城中的进攻方式。

堀——分为空堀和水堀

堀分为空堀和水堀，根据底部形状还可以细分。自中世（12 世纪末~ 16 世纪末）起就广泛使用空堀，特别是在山城（见第 24 页）中，可以看到多种多样的空堀，例如将各个曲轮分割开来的堀切，或设在斜面的竖堀。水堀多见于平城（见第 24 页），可以用作蓄水池或运河，相对较宽。拥有水军的城还建有驻船场。

桥——与堀配套

堀一旦挖好，就要搭建桥梁。桥分为固定桥和木桥，前者与土垒或石垣相连；后者在守城时可以破坏或拆除，包括引桥、跳桥①等可移动桥梁，以及无法直行的筋违桥和折长桥②。

塀

塀是防御的关键。土塀内侧有控柱③，用来增加强度。石垣或土垒上的塀内外侧设有行走空间，外侧称为犬走，内侧称为武者走。

备中松山城三之平橹东土塀（见第72页）

桥

除了土桥，几乎没有其他材质的桥保存至今，现在看到的基本都是当代建造的。

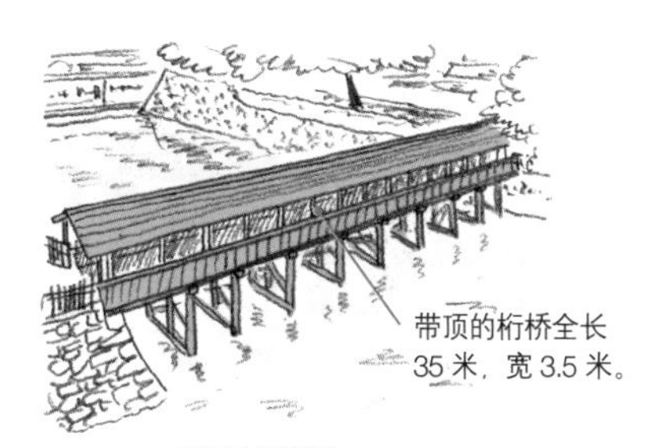

高松城鞘桥（见第48页）

堀

堀的斜面角度一般以敌人难以攀登为准，但是土垒的堀如果角度过大，非常容易崩塌，因此倾斜必须适度。人们在堀底形状上也花了很多工夫，有平底的箱堀；U字形的毛拔堀、V字形的药研堀、垄状的障子堀和亩堀等。

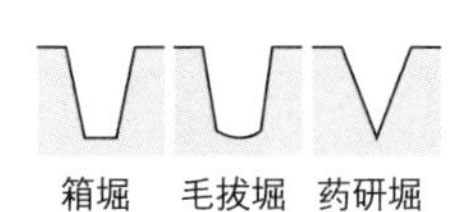

山中城障子堀

空堀的优点是底部一目了然，障子堀底部还设有障碍，可以拖住敌人，提升迎击效果。

小田原城住吉堀（见第130页）

近世城郭的水堀为了防止斜面崩塌，或建石垣，或堆石护岸。复原的小田原城住吉堀是江户时代建造的石垣水堀。

①“引桥”是附带车轮、可以拉回城内的桥，“跳桥”是城内一端附有铰链，城外一端附有绳索，拉拽绳索即可提起桥体。②“筋违桥”指斜架在堀或河上的桥，或用于攻击敌人的侧面，或受地形制约而建。“折长桥”是指中途拐弯的长桥，可以进攻敌人的侧面，也可以延长敌人的行进距离。③控柱是倾斜的支柱，与塀（或木结构建筑）、地面形成三角形，以防木结构建筑或墙、门倾斜。

了解筑城的流程

地域的选定

筑城选定地点，即“寻找土地”，需要考虑防御、贸易、交通等要素。

绳张（设计）

所谓绳张，就是用绳子在土上画出布局图。一旦决定建造地点，就要进行绳张，确定曲轮（区划）的配置，设计堀、垒、虎口（出入口）和道路。

普请[1]（土木工程）

开堀堆土，造出曲轮的形状，还要用土建造天守台和橹台。使用石垣的城要完成石头的切割、搬运与堆积工作，同时收集并搬运填充在石垣内侧的

筑城步骤

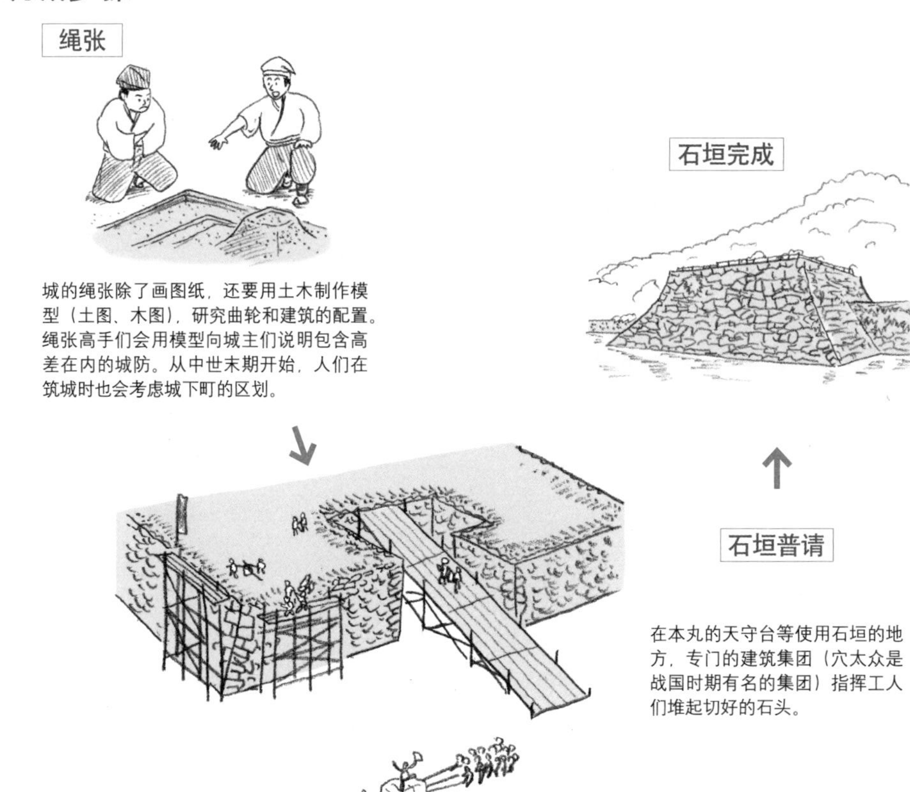

城的绳张除了画图纸，还要用土木制作模型（土图、木图），研究曲轮和建筑的配置。绳张高手们会用模型向城主们说明包含高差在内的城防。从中世末期开始，人们在筑城时也会考虑城下町的区划。

在本丸的天守台等使用石垣的地方，专门的建筑集团（穴太众是战国时期有名的集团）指挥工人们堆起切好的石头。

MEMO：穴太众是以滋贺县穴太为据点的石匠团体，凭其高超技术，成为石垣修建人的代名词。
①指修建堀、土垒、石垣等土木工程。绳张和普请决定了一座城的防御力，因此比起下文的作事，人们更重视普请。

栗石。

天守的作事[①]（建筑工程）

首先在天守台上建造建筑物的轴组（柱与梁组成的木结构），需要凿刻木材，做出榫头和卯眼，并组装完成。然后在屋顶和庇上铺瓦，在正脊上安放鯱。同时建造墙胎，涂上泥土。

御殿及其他作事

在各个曲轮的橹台上建橹，工序和建天守相同。在虎口建门，在垒上建土塀或多闻橹，整备防御设施。此外，还要修建城主日常起居、处理政务的御殿，并请画师绘制豪华的隔扇画和优美的水墨画。

城下町的建设

在完成上述工程的同时，修建家臣的住宅和町人[②]的住所，配置城下町。

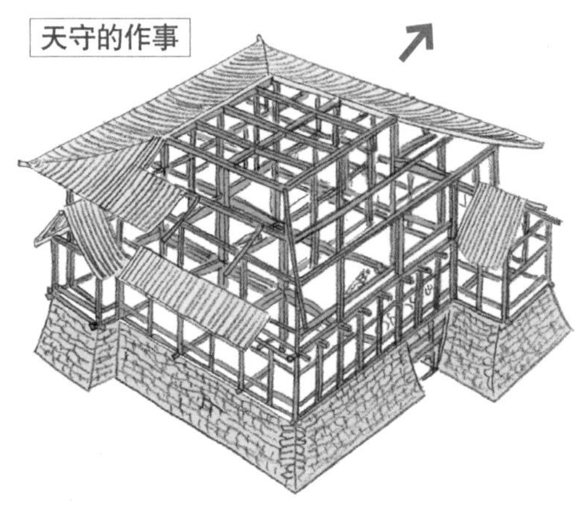

负责天守工程的工匠往往参与过寺庙、神社的修建。他们在木材上凿出榫头与卯眼，将木材组装起来，搭出建筑的轴组。同时，他们给用绳子绑好的墙胎抹上泥土，最后再涂上灰泥。在外壁下部安下见板也十分常见。

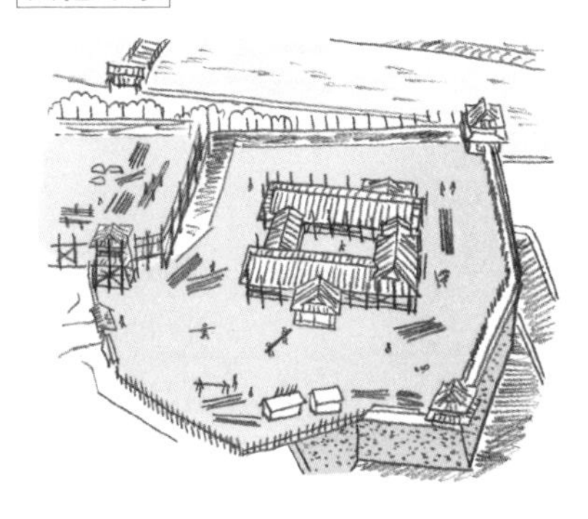

曲轮周边的土木工程与土塀的修建同步推进，要塞处建门，形成枡形。御殿等建筑也依次完成，在绳张阶段规划的城逐步显现。

①指修建天守和橹等建筑的工程。②町人，泛指商人、手艺人和城镇居民。

按现有状态将天守分成 4 类

中世以来，日本各地掀起建城热潮，天守正是这一时期出现的，并成了战国时代城的象征。当时只有少数城建有天守，但到了江户时代初期，全日本已有多座天守。之后，由于幕府的限制、明治时代的废城令（见第 22 页）和战争的破坏，几乎所有天守都消失了，保存至今的天守数量极少。后来，人们将天守看作乡土的象征，开始重建天守，近年来的复原天守更是在材料和结构上都再现了当年的模样。我们现在见到的天守有各种各样的来历，据此可以将它们分成现存、复原、复兴和模拟共 4 类。

保存至今的珍贵天守

现存天守

建于江户时代并保存至今的天守称为现存天守。有的虽名为 3 阶橹，但实际上是天守，也有的像丸冈城那样在明治时代倒塌，但重建时最大限度地利用了原有建材。这样的城在全日本共有 12 座，称为现存 12 天守。

犬山城天守

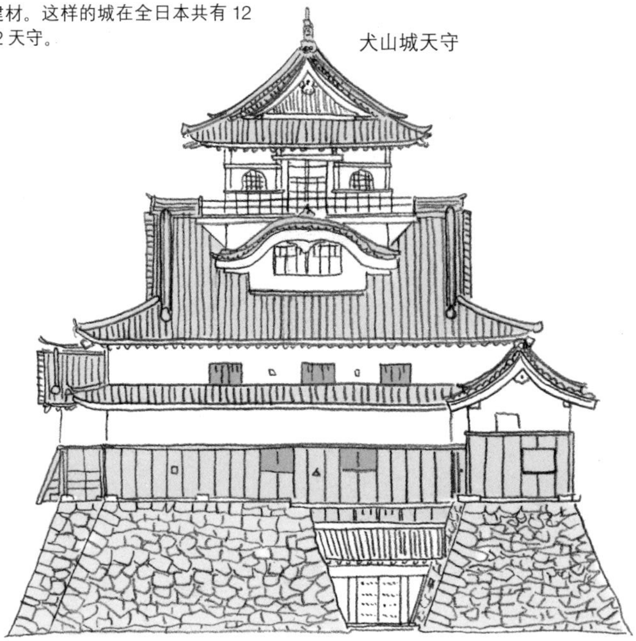

现存天守（现存12天守）

弘前城（青森县，重要文化财）、丸冈城（福井县，重要文化财）、松本城（长野县，国宝，见第 64 页）、犬山城（爱知县，国宝，见第 71 页）、彦根城（滋贺县，国宝，见第 67 页）、姬路城（兵库县，国宝，见第 58 页）、松江城（岛根县，重要文化财）、备中松山城（冈山县，重要文化财，见第 73 页）、丸龟城（香川县，重要文化财）、松山城（爱媛县，重要文化财，见第 75 页）、宇和岛城（爱媛县，重要文化财）、高知城（高知县，重要文化财）

重建的天守也各具特色

复原天守、外观复原天守

复原天守是指在原来的位置按照原样重建的天守。这样的天守还可以细分为两种：一种是根据图画、文字记载、老照片和设计图等资料，采用和当时相同的技术和材料，从外观到内部构造都忠实再现；另一种是只恢复外观，内部则由钢筋水泥结构代替，称为外观复原天守。现在，如果在天守台遗迹上重建天守，只有采用木结构才会被认为是复原天守。

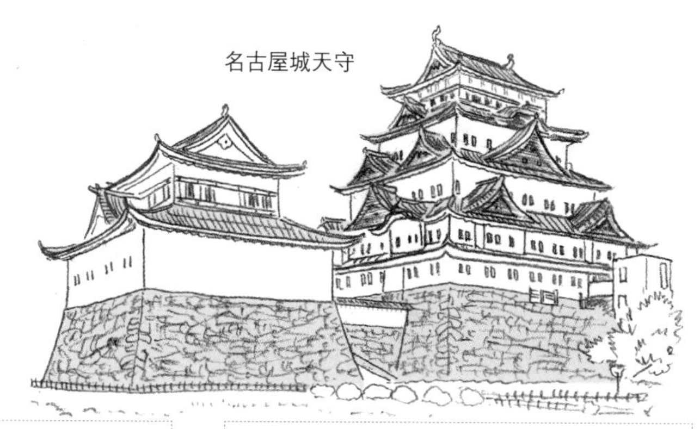

复原天守举例
白石城（宫城县，见第 89 页）、白河小峰城（福岛县，见第 91 页）、新发田城（新潟县，见第 94 页）、挂川城（静冈县，见第 98 页）、大洲城（爱媛县，见第 113 页）。另有非天守的首里城（冲绳县，见第 118 页）也属于此类

外观复原天守举例
松前城（北海道）、会津若松城（福岛县）、大垣城（岐阜县，见第 135 页）、名古屋城（爱知县，见第 82 页）、和歌山城（和歌山县，见第 102 页）、冈山城（冈山县，见第 106 页）、广岛城（广岛县，见第 109 页）、熊本城（熊本县，见第 86 页）

复兴天守

复兴天守是指由于史料不足，或考虑到观光开发等原因，与当初的样子有若干不同的天守。这样的天守内部多为资料馆或观景台，窗户的大小和位置多有变化。还有的复兴天守在外观上添加了入母屋破风或千鸟破风。

大阪城天守

复兴天守举例
小田原城（神奈川县，见第 129 页）、高田城（新潟县）、岐阜城（岐阜县）、冈崎城（爱知县）、长滨城（滋贺县）、大阪城（大阪府，登录文化财，见第 124 页）、岩国城（山口县）、小仓城（福冈县）、岛原城（长崎县）

模拟天守

模拟天守的建设不依据史料或史实，位置和外观也与原来的天守不同。因为很多情况下，人们只知道该地曾建有天守，但没有相关资料，只能凭借想象修建。模拟天守也包括那些在原来没有天守的地方建起的天守风格建筑。

模拟天守举例
忍城（埼玉县，见第 133 页）、大多喜城（千叶县）、富山城（富山县）、墨俣城（岐阜县）、清洲城（爱知县，见第 136 页）、伊贺上野城（三重县）、洲本城（兵库县，见第 137 页）、唐津城（佐贺县）等

了解城的变迁

古代的城——防御外敌的土垒

在日本，最早为了防御外敌而修建堀、栅①和瞭望台的，是弥生时代的环濠集落。到了公元7世纪下半叶，受朝鲜半岛局势的影响，西日本开始修建古代山城，其中一种是被称为神笼石的城塞。日本东北地区也出现了兼具行政与防御功能的城栅（城轮栅）②。

中世的城与馆——截然不同

庄园兴起后，各地出现了地方武士，他们的住所是被堀或塀包围的馆。

逐渐变化的城（一）

古代山城

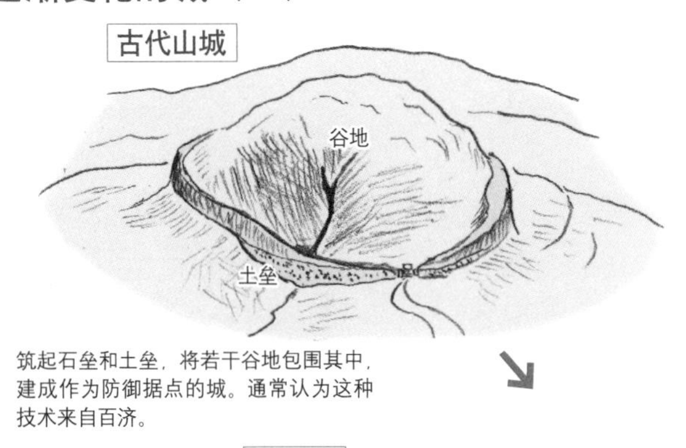

筑起石垒和土垒，将若干谷地包围其中，建成作为防御据点的城。通常认为这种技术来自百济。

城轮栅

更偏重行政功能，正殿等建筑周围环绕着筑地塀③，与当时朝廷的官厅相同。

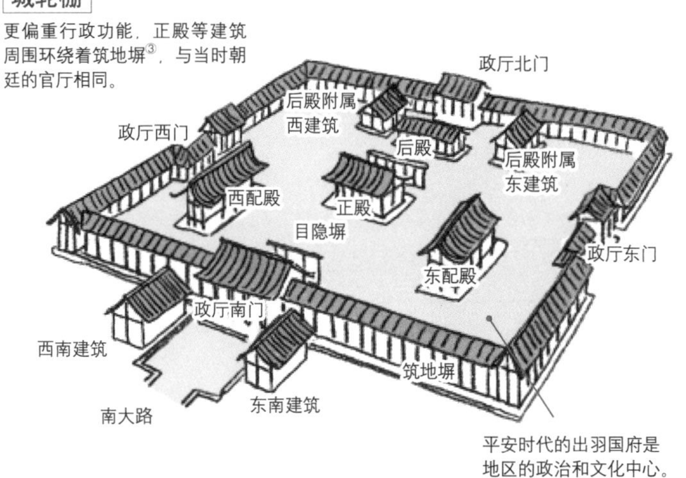

平安时代的出羽国府是地区的政治和文化中心。

①为了御敌，用木柱排列修建的小规模要塞。②城栅是朝廷设在边境的军事和行政据点。城轮栅是位于山形县酒田市城轮的古代城栅。③将泥土夯实后修建的土墙，五品以上官员才能使用。

镰仓时代末期，为了与来袭的元军对峙，在博多湾修建了高大的石垒，名为石筑地。

战乱时期的城——天守诞生

日本南北朝[1]之争后，战争频发，武士们开始在山麓修建居所，同时在险峻的山顶修建用来固守地盘的“诘城”。这类山城的曲轮充分利用地形，与空堀和土垒一起铸就了武士们引以为傲的坚固防御。

战国时代，各地领主都把重点放在领国支配上，在交通与军事要塞建城。领主将自己的居所安置在城内，让家臣们住在四周，再外围是从事商业和手工业的人，形成城下町。城的绳张已十分发达，人们开始追求有效的曲轮配置，曲轮也全部由石垣建成。城内建有橹、土塀、多闻橹、橹门等防御力强的设施，本丸矗立着显示领主权力的多层橹——天守。

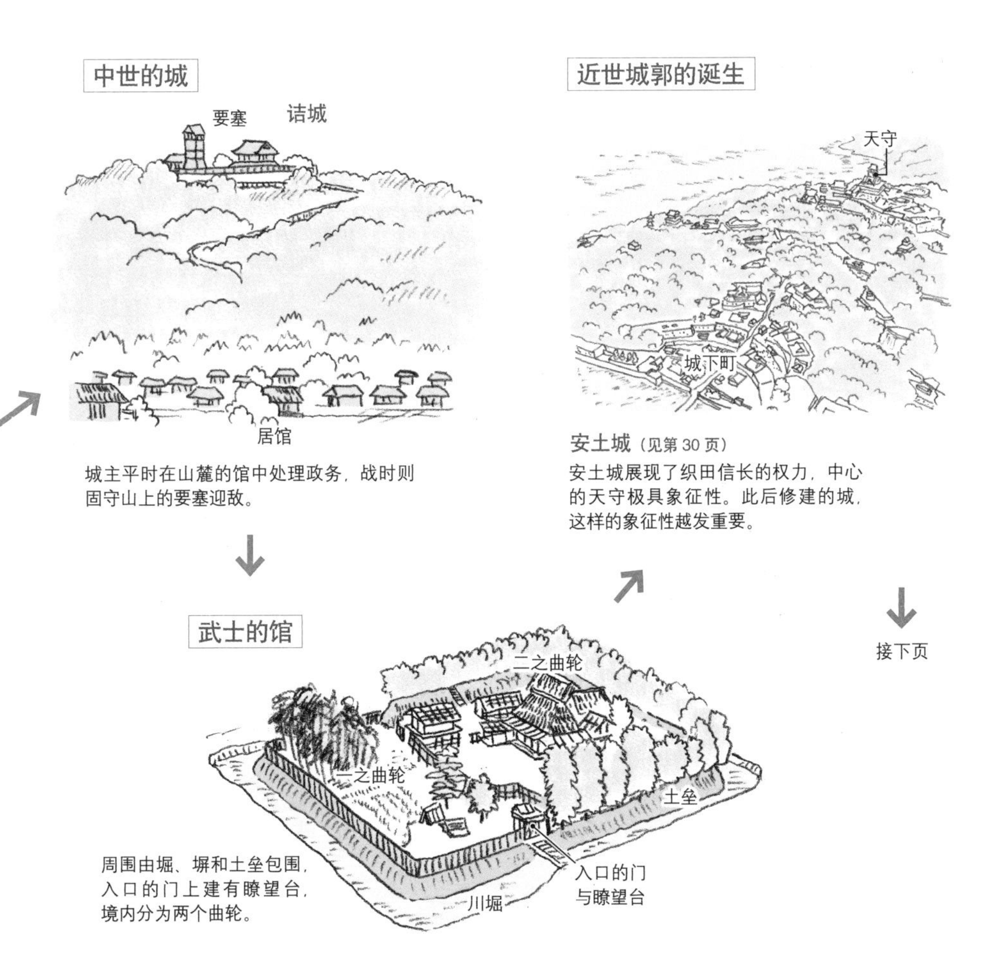

城主平时在山麓的馆中处理政务，战时则固守山上的要塞迎敌。

周围由堀、塀和土垒包围，入口的门上建有瞭望台，境内分为两个曲轮。

安土城（见第 30 页）
安土城展现了织田信长的权力，中心的天守极具象征性。此后修建的城，这样的象征性越发重要。

接下页

①日本的南北朝发生在 1336 ~ 1392 年，同时有南、北两个天皇。

城的兴盛——巨大的城

丰臣秀吉和德川家康命令大名们进行普请和作事，筑起了规模巨大的城（天下普请[①]），其中包括豪华的天守、高大的石垣和数量众多的橹。这带来了筑城技术的迅速发展与普及，尤其是石垣筑造技术的进步之快让人瞠目结舌。

江户时代的城——停滞期

确立统治地位的江户幕府颁布了一国一城令[②]和武家诸法度，严格限制城的筑造和修缮，筑城技术发展停滞。到了幕末，西方舰船来到日本。为了防备其入侵，日本采用西方的筑城法，建造了棱堡式[③]城郭。

废城令——同时也有重建

明治时代，废城令[④]和废藩置县让许多城遭到废弃，逐渐被拆毁、卖掉。

逐渐变化的城（二）

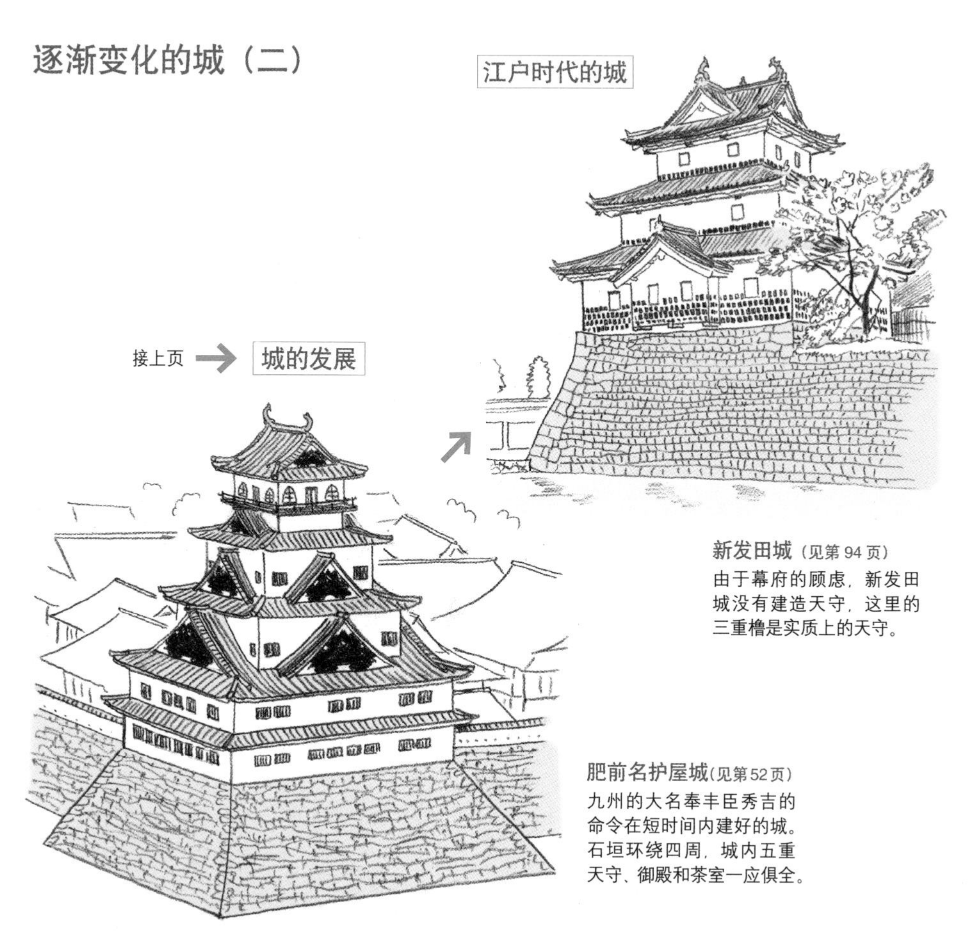

新发田城（见第 94 页）
由于幕府的顾虑，新发田城没有建造天守，这里的三重橹是实质上的天守。

肥前名护屋城（见第52页）
九州的大名奉丰臣秀吉的命令在短时间内建好的城。石垣环绕四周，城内五重天守、御殿和茶室一应俱全。

①江户幕府命令日本各地的大名实施土木工程。②一国只允许有一座城，幕府为限制大名的城的数量发布了这一命令。③筑城法的一种，为了在使用枪炮迎击敌人时不留死角，人们向城塞外侧修建突出的棱堡。④明治政府认为城会成为叛乱人士的据点，且维护费用高昂，下令拆除。

很多保留下来的建筑都成了文化财。也有像大阪城那样重建天守的城。

战火与复兴——混凝土城的时代

太平洋战争爆发后，城郭也经受了战火。特别是从 1944 年末起，大规模空袭烧毁了许多建筑。战后，在都市与日常生活的重构中，毁于战火的天守作为复兴的象征得以重建。这些天守多为钢筋混凝土建筑，只复原外观。

严格缜密的复原——再现木结构

随着时间推移，在历史遗迹上复原建筑时，人们开始以资料为基础，追求严格缜密的复原。运用历史材料与技法的木结构复原成为主流。门和橹等多种多样的建筑也逐渐重现在人们眼前。

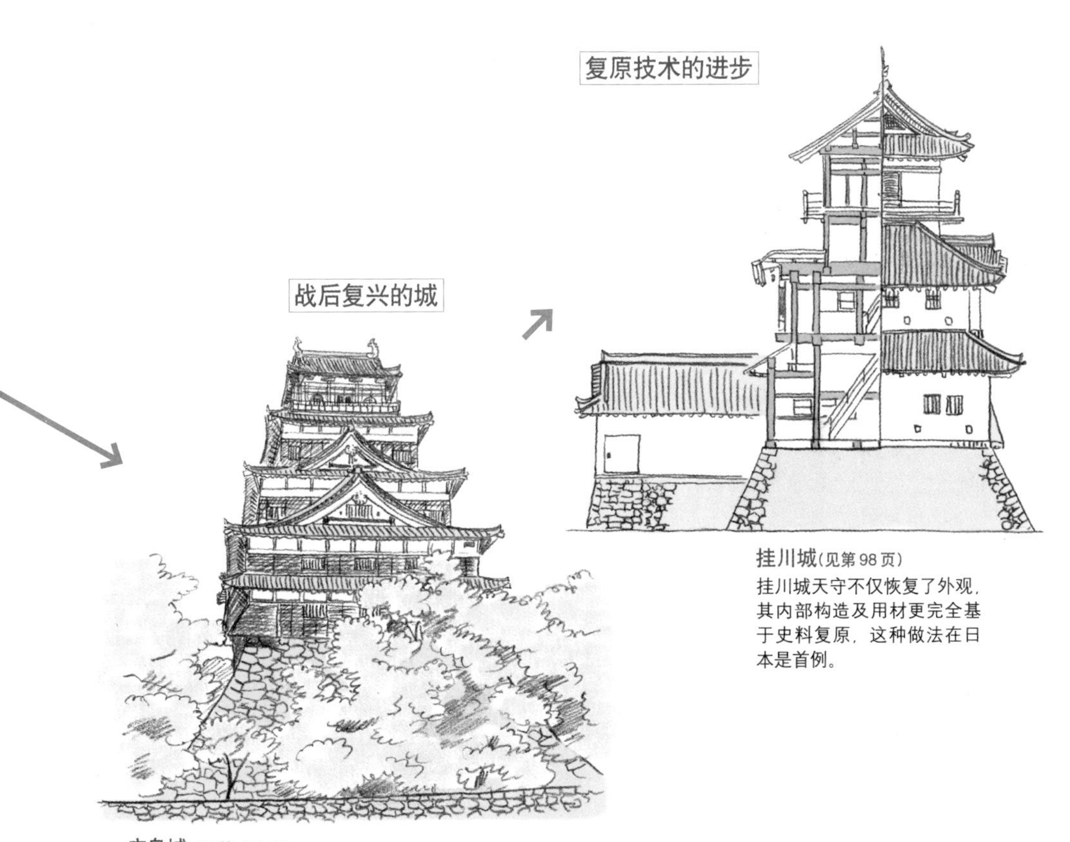

挂川城（见第 98 页）
挂川城天守不仅恢复了外观，其内部构造及用材更完全基于史料复原，这种做法在日本是首例。

广岛城（见第 109 页）
1945 年，广岛城天守因原子弹爆炸倒塌，后用钢筋混凝土重建，内部是乡土博物馆。其他复兴天守中，很多也会展示城的历史与当地的资料。

城用语解说(一)

城的“规划、设计”相关用语

工匠与武将应该也曾使用过表述城的基本构造的用语。

【山城、平山城、平城】

根据筑城处的地势分类：山城是利用险峻山势修建的城；平山城同时利用丘陵与平地，多在小丘上筑起天守，然后在周围的平地修建曲轮和御殿；平城建在没有起伏的平地上，无法像山城那样依靠地形防御，因此挖有宽阔的堀。

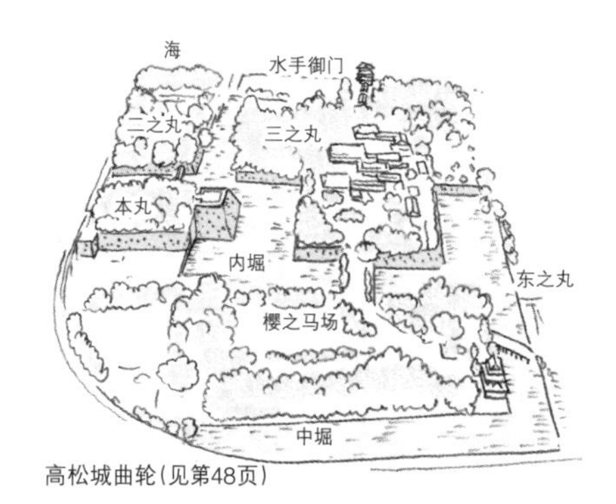

高松城曲轮(见第48页)

【曲轮（郭）】

曲轮是城的一个区划，设有建筑等防御设施，近世的城多称“丸”。周围的土垒和石垣处建有向下的斜坡，并用土垒或塀包围。曲轮是敌人难以入侵的防御区划。

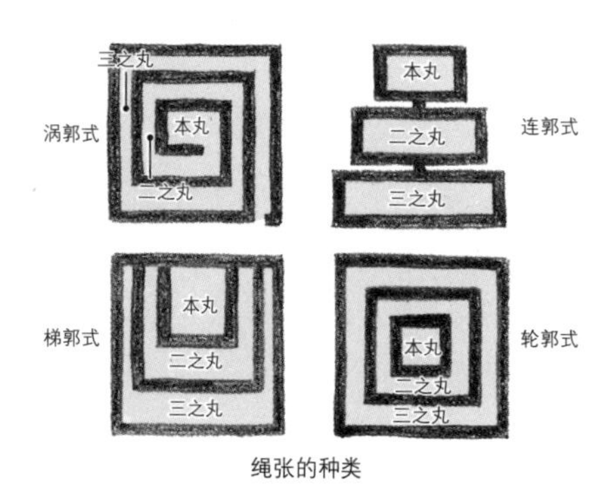

绳张的种类

【绳张】

城的整体配置规划称为绳张，其基础为曲轮（郭）的配置。绳张的形式多种多样，有曲轮并排的连郭式，若干曲轮包围主郭的轮郭式，以主郭为中心、其他曲轮呈漩涡状排布的涡郭式，以及主郭背靠要塞、曲轮在主郭前方展开的梯郭式，等等，还有将上述样式组合在一起形成的复杂绳张。根据曲轮配置，可以确定堀、垒、道路和虎口（出入口）的位置。

【大手、搦手】

大手指城的正面，也称追手。正面的入口称为大手口，从那里通向天守或御殿的道路称为大手道。战时，敌人主力将进攻这里，需要配备坚固的防御设施。与此相对，搦手指城的背面，从天守经此通向城外的道路称为搦手道，在这里建造的门称为搦手门，城内军队和城主撤退时使用。

【虎口】

城的出入口称为虎口。出入口是防御上的薄弱环节，必须增强防御措施，但这里也是出击的地方，所以也要便利攻击敌人。在城郭大型化的同时，人们花费了很多工夫设计出入口。土垒、堀、坡道等可以强化防御和进攻的能力，敌人无法看到内部，也就无法掌握守备状况和出击的准备情况，守军却可以从多个方向迎击敌人，出于这样的考虑，盛行建造枡形和马出（见第 63 页）。虎口是城的防守要害，因此从早期开始就用石垣建成。

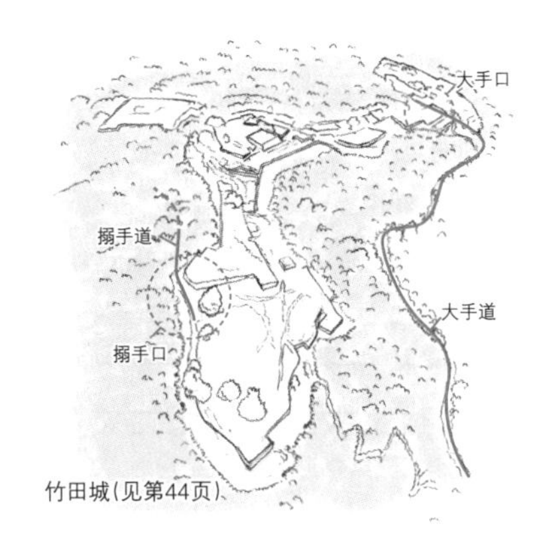

竹田城（见第44页）

【雏形】

为了修建或修理天守而制作的模型称为雏形。雏形与图纸不同，雏形由木工制作，方便工人立体地把握柱、梁、桁的组合方式等建筑构造。大洲城天守、小田原城天守、松江城天守等的雏形留存至今，前两者成了天守复原的重要资料。

小诸城二之门遗迹（见第42页）

【重、阶】

在天守和橹等多层建筑中，屋顶数量（从外面看的层数）和内部地板数量（内部的层数）不一致的情况很多，表示建筑规模时需要分别计数。计数外部屋顶的量词为“重”，计数内部地板的量词为“阶”，天守台中的地阶部分另行计算。于是就有了“3 重 5 阶地阶 1 阶”的表记。外部屋顶也可以用“层”作量词。在古代的记录中，也可以看到将地阶算入内部总阶数的情况。总之，重、阶、层的使用并不是一定的，要特别留意。

小田原城天守雏形（见第129页）

【书院造】

城主在城中的居室和日常处理政务的场所需要兼具舒适与威严，会使用书院造。书院造用在需要明确体现身份尊卑的会面场合，带有壁龛、违棚①和付书院②等装饰。室内铺满榻

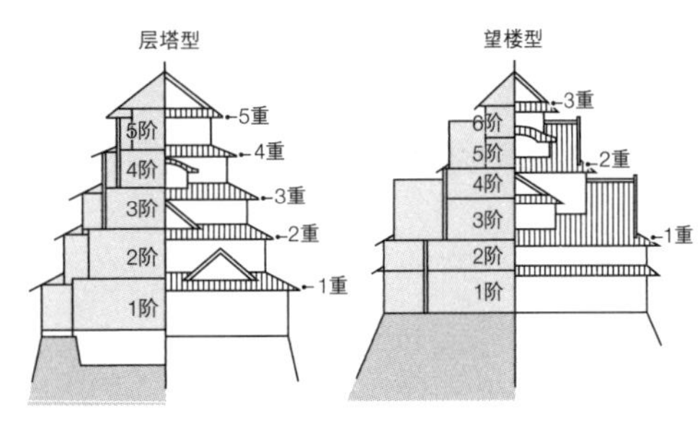

“重”和“阶”的区别

①左右排放的两块搁板，上下位置错开。②壁龛旁边伸向外廊的木板几案，前方竖有拉门。

榻米，天花板[1]多为棹天井[2]或格天井[3]，镶有长押[4]，隔扇上绘有图画。工匠根据用途建造若干这样的房间，连接起来便形成御殿。

名古屋城本丸御殿内部(见第83页)

城的“攻击、防御”相关用语

人们在城原本的功能，即攻击与防御上下了很多工夫，名称也十分独特。

【枡形】

枡形是指用土垒或石垣围成的方形虎口，与马出同时盛行。枡形设有两重门，无论是入城时还是出击时，敌人都无法乘虚而入。万一敌军侵入，还可以利用枡形从四周攻击敌军。在枡形中，通常内侧的门较大，而且多为橹门。建于城内侧的称为内枡形，突出于城外的称为外枡形。

枡形虎口

【横矢】

守军为了能从侧面攻击靠近虎口或垒的敌人，设计了横矢。土垒或石垣凹凸错落地修建成雁阵形，或让橹伸出。除此之外，为了让敌军的侧面暴露在外，人们还修建了路和桥。

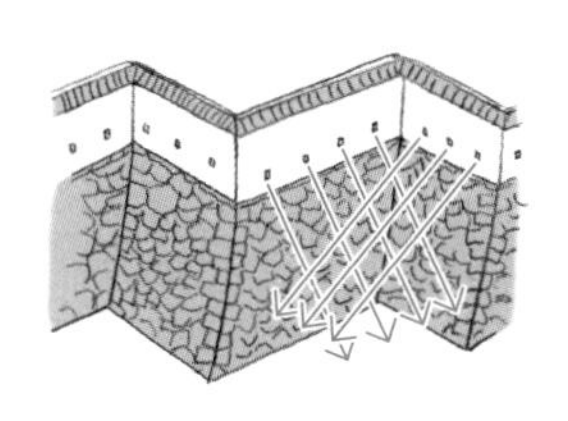

雁阵形

【门】

城中有多种多样的门。橹门是在石垣之间修建门，然后在门上方建橹（渡橹），是城郭特有的门。栋门是用冠木（搭在主柱上部的横木）连接两根圆木，再用女梁（栱[5]）和男梁（腕木[6]）支撑轩桁[7]，最后加上切妻式屋顶。药医门是在主柱内侧竖起控柱，然后在整体之上加盖切妻式屋顶。高丽门由主柱和城内侧的控柱构成，主柱上方加盖切妻式屋顶，与控柱之间也覆有小屋顶。埋门指看上去仿佛埋在石垣、土垒或筑地塀中的门。冠木门仅仅由主柱和冠木构成。

①日文中用“天井”表示天花板，下文涉及不同类型的天花板时，保留“天井”一词，单独使用时译为天花板。②将细长的棱柱形建材按一定间隔排列，在上面固定板材形成天花板。③将棱柱形建材交叉排列成格子状，在上面固定板材形成天花板。④日式建筑中连接两根柱子的横木。⑤与斗组合在一起形成斗栱，起承重作用。⑥一端支在墙或柱子上、另一端横向伸出的木头⑦房檐下方支撑椽子的横木。

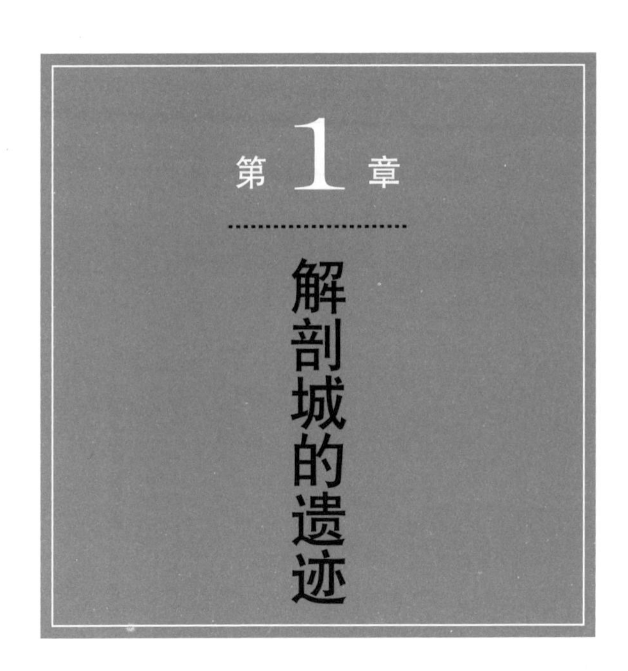

第1章 解剖城的遗迹

国家特别史迹

安土城

织田信长的安土城建在高约 100 米的小丘上，四周被湖泊和沼泽包围。最高处的天守 5 重 7 阶①，卓绝不凡，附带能舞台的御殿、寺院和家臣的宅邸错落有致。

1576 年建成的天守雄伟壮观。当时在日本的基督教传教士甚至将这一场景报告给了欧洲。但仅仅在报告欧洲的三年后，安土城就在本能寺之变中失去了主人，并于同一年消失在大火中。世人对天守的外观有诸多说法，可以肯定的是它的确让人惊叹。

夸示统治者的威严

安土城中有很多虎口（出入口）和宽阔的道路。如果仅从防御的角度考虑，这座城的性质与防御的目的背道而驰。这说明安土城不只是防御设施，还展现了织田信长作为统治者的权威，成为天下布武②的证明。

筑城年：天正 4 年（1576 年）；形式：山城；筑城主：织田信长

①安土城等初期的望楼型天守屋顶处往往还有一层，因此很多时候“重”与“阶”的数量不同。文献显示安土城的天守一般都用“天主”二字表示。②“天下布武”是织田信长的政治理论，字面意思是“于天之下，遍布武力”，进一步阐释为“以武家政权支配天下”。③菩提寺是供奉（先祖）牌位的寺庙。

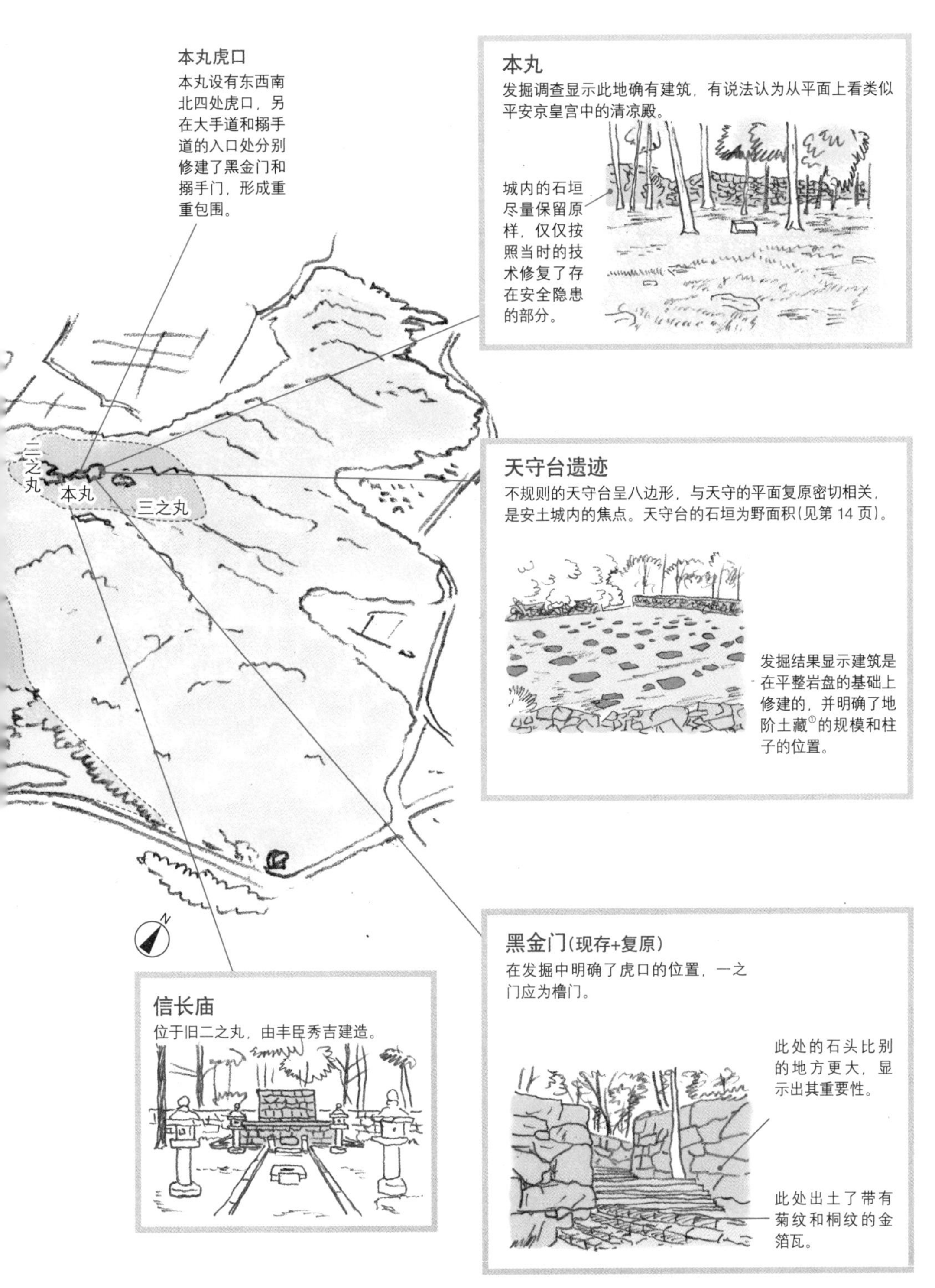

MEMO：安土城没有留下任何城郭建筑。人们从二战前就开始发掘、修整，逐渐发现了很多可以了解安土城模样的线索。特别是从平成元年到二十年，一系列以展示与保护为目的的调查修缮工作陆续进行。如今，人们正在着手整备城下町等周边地区。

①藏指仓库，土藏指墙上涂有泥土或灰泥的仓库。

建在琵琶湖畔别有意味

安土城位于北国街道、东海道和东山道的交汇处，渡过琵琶湖便可前往京都，是贸易和军事上的要冲。为了让人们从很远处就能看到安土城，以显示自己作为天下统领的威信，织田信长选择在小丘上筑城。这是一座划时代的城，石垣上巨大的多层建筑有 5 重 7 阶，屋顶全部铺瓦。从安土城开始，出现由石垣和高层天守组成的近世城郭，但安土城奇特的外观空前绝后，第 6 阶的平面为八边形，第 7 阶的设计为寺院风格，由此可以窥见织田信长的审美观和独创性。

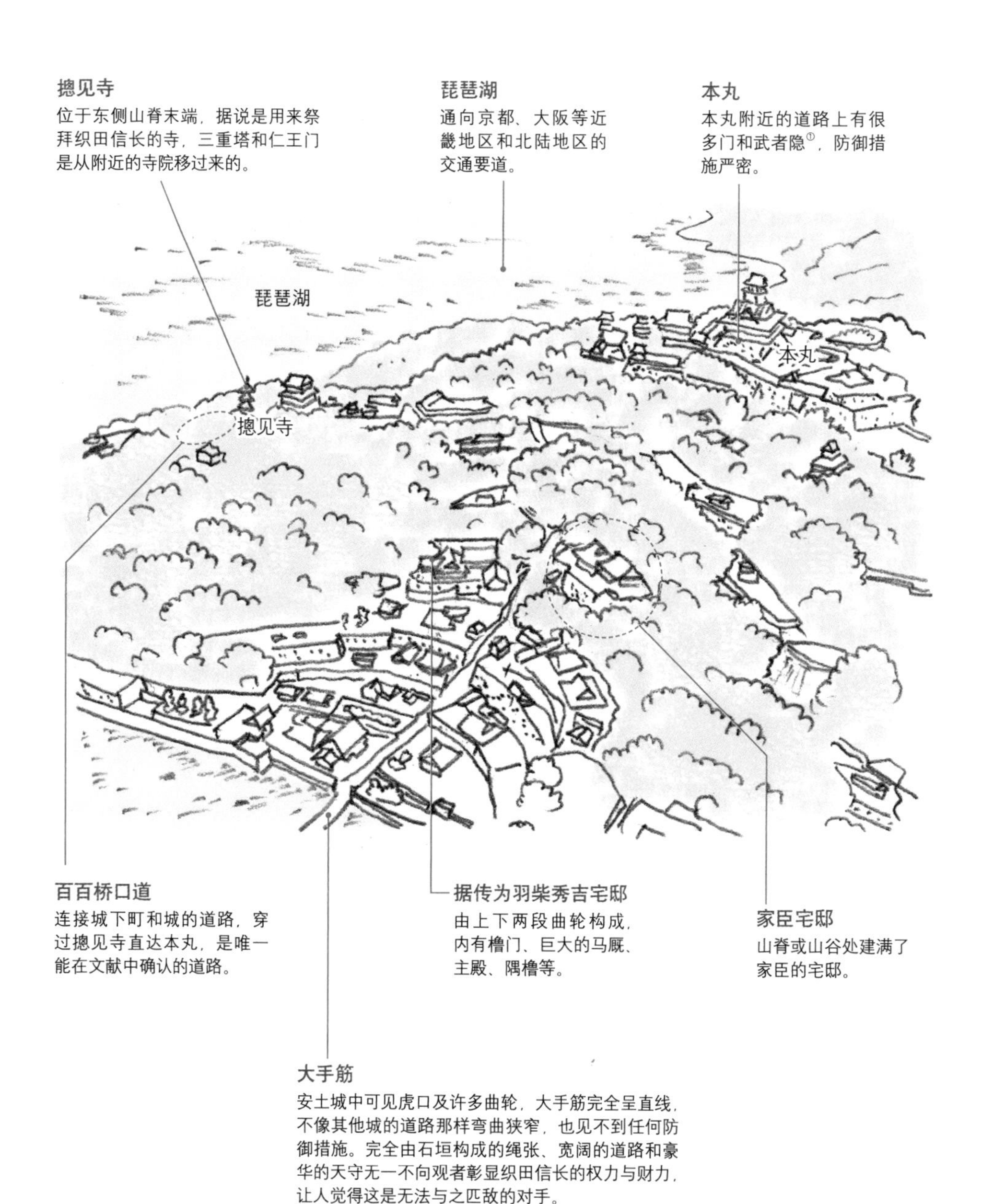

①为了防御而让武士藏身其中的空间。

5 重 7 阶的巨大天守

消失的天守残留在传教士和家臣们的记录中，以及江户时代的图纸中。根据这些记载，人们提出了很多复原方案。城内的书院造房间铺着榻榻米、装着隔扇，构成了织田信长灿烂夺目的御殿。

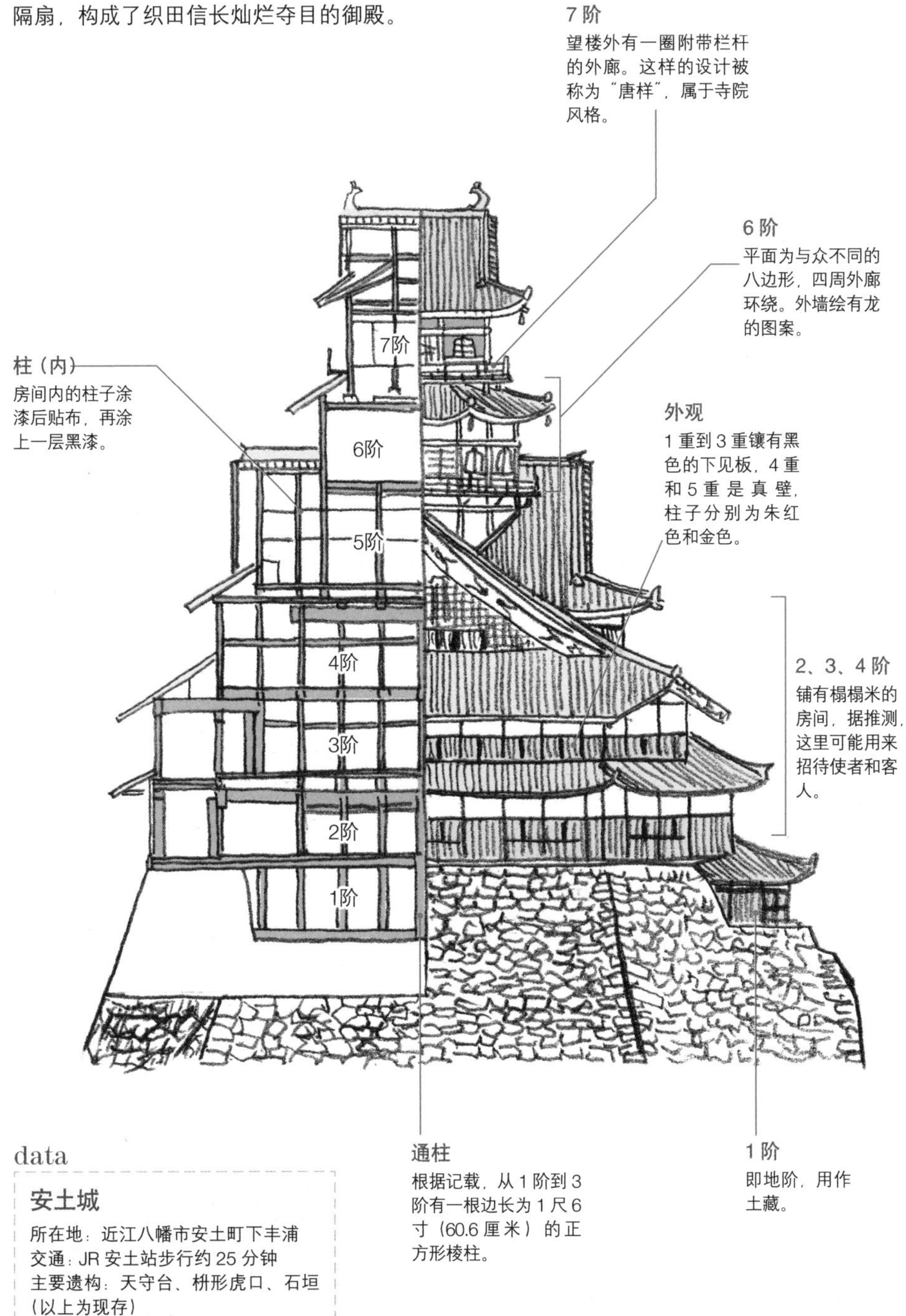

data

安土城

所在地：近江八幡市安土町下丰浦
交通：JR 安土站步行约 25 分钟
主要遗构：天守台、枡形虎口、石垣（以上为现存）

东京都 **天下太平，城展示将军威望**

重要文化财·国家特别史迹

江户城

德川家的三位将军——德川家康、德川秀忠和德川家光——都认为筑城名家太田道灌修建的城最适合统治天下。关原合战[1]后，德川家康命令全国大名为建起巨大的城效力，后来几经扩建、改建，鼎盛时达到70余座橹和120余座门的规模。彰显将军威严的天守三度修建，但在1657年毁于火灾后就没有再建。其他建筑在火灾、关东大地震和空袭中陆续被毁，现在只剩若干橹、门和番所[2]，但是从切込接的精致石垣仍然可以窥见当年的英姿。

江户城留存至今的遗构

为了展现这座将军之城的风姿，本书将列举在规模和精度上都让人瞠目结舌的水堀、石垣、天守台等土木工程的遗构。值得关注的建筑物则有田安门等三座门、富士见橹（解体复原）等三座橹，以及百人番所和大手门（战后复原）。

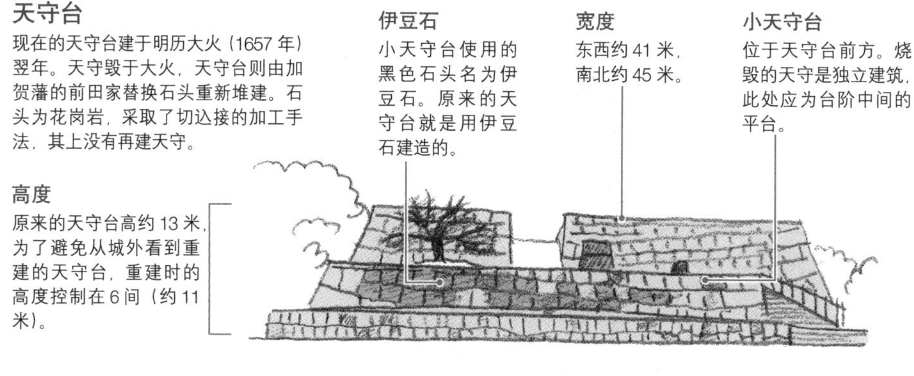

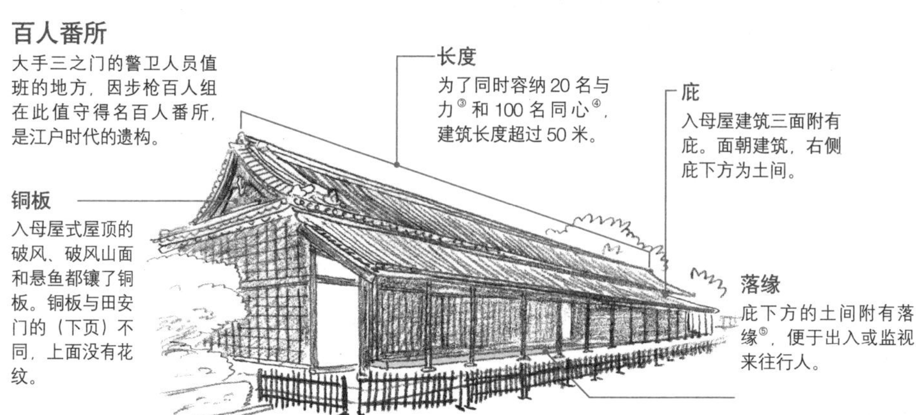

筑城年：庆长八年（1603年）；形式：平城；筑城主：德川家康

① 1600年，为了争夺丰臣秀吉死后统治天下的实权，以德川家康等人为中心的东军和石田三成率领的西军进行了生死攸关的决战。②为警备或监视而设置的设施。③属于中下层武士，担任行政、警备等工作。④ 下级武士，与力的下属。⑤比主廊更低一层的外廊。

通向北之丸的入口：田安门

北之丸虎口处的田安门由橹门和高丽门组成，是一座 1607 年就已存在的古老大门。现在的门为 1636 年重建，是唯一一处建于明历大火前并留存至今的建筑。

田安门：橹门

由于在关东大地震中受灾，橹门的渡橹和续橹曾被拆除，后于 1967 年修理复原。平面的复原有两方面依据，一方面是从残存的部分确定柱子的间隔，另一方面是文献记载。高度和外观根据老照片和从名古屋城移建的莲池御门（在战争中烧毁）的图纸复原。

鯱

鯱的制作参考了东京国立博物馆里收藏的旧江户城的鯱，用铜制成，眼部贴有金箔，上面用漆描绘瞳孔。

桁

建筑长约 37 米，桁由 5 根建材连接而成。

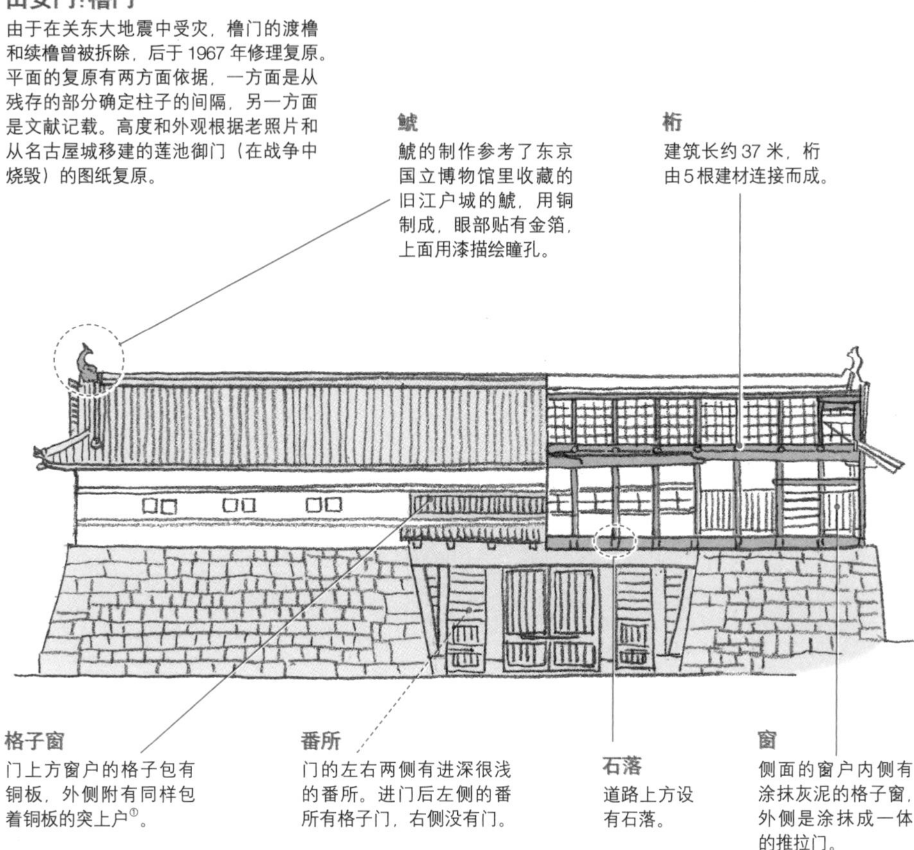

格子窗

门上方窗户的格子包有铜板，外侧附有同样包着铜板的突上户[1]。

番所

门的左右两侧有进深很浅的番所。进门后左侧的番所有格子门，右侧没有门。

石落

道路上方设有石落。

窗

侧面的窗户内侧有涂抹灰泥的格子窗，外侧是涂抹成一体的推拉门。

田安门：高丽门

在关东大地震中幸存，但因严重朽坏而修缮过。

土塀

两侧的土塀也是江户时代的遗存，内侧立有控柱。

筋金物

修缮后，附在门扉上的筋金物一度为铁制的，但据推测当初为铜制的，因此现在又补回原样。

础石

保留了当初的础石。

①上端与窗框相连、可以用棒子支起向外打开。

复原的橹

富士见橹

位于本丸南部，3 重 3 阶，也是天守的替代物。初建于 1606 年，江户时代几经修复，在关东大地震中受损，之后用原有的材料复原。

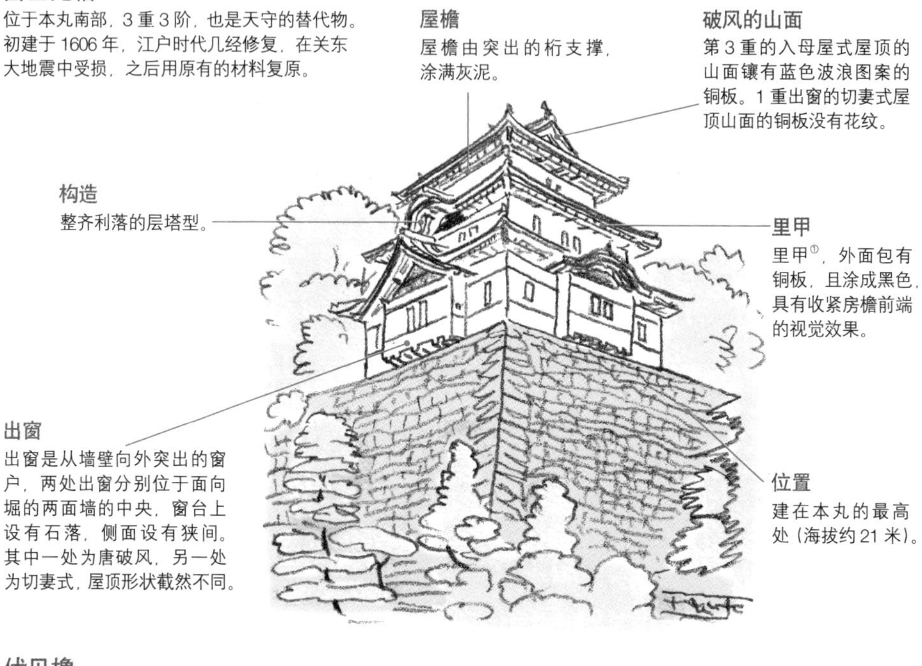

屋檐
屋檐由突出的桁支撑，涂满灰泥。

破风的山面
第 3 重的入母屋式屋顶的山面镶有蓝色波浪图案的铜板。1 重出窗的切妻式屋顶山面的铜板没有花纹。

构造
整齐利落的层塔型。

里甲
里甲①，外面包有铜板，且涂成黑色，具有收紧房檐前端的视觉效果。

出窗
出窗是从墙壁向外突出的窗户，两处出窗分别位于面向堀的两面墙的中央，窗台上设有石落，侧面设有狭间。其中一处为唐破风，另一处为切妻式，屋顶形状截然不同。

位置
建在本丸的最高处（海拔约 21 米）。

伏见橹

位于西之丸的西南角，2 重 2 阶，层塔型。传说是从伏见城移来，因此得名伏见橹。在关东大地震中遭到破坏，后与富士见橹一样解体复原。唐破风朝向建有二重桥的堀，意在强调此为正面。

十四间多闻橹
伏见橹是独立的橹，没有与多闻橹直接相连，中间隔着土塀。

长押
窗户上下都有长押，显示出建筑的规格。墙面上的阴影也让建筑更加美观。

壁
关东大地震后，修复时曾涂过白色砂浆，在战后修理时重新涂回灰泥。

---

column | 安土、大阪、江户：比较天守大小

我们可以比较一下织田信长、丰臣秀吉、德川家康三位统治者所建天守的大小。三座天守现在均不复存在，数值皆为推测。在高度上，安土城（信长）约 32.5 米，丰臣大阪城（秀吉）约 30 米，庆长期江户城（家康）约 45 米或 48 米。至于 1 阶的面积，安土城和丰臣大阪城大致相同，庆长期江户城达到前两者的两倍。据此我们可以了解江户城之巨大，也不难想象筑城技术的进步是建造巨大江户城的重要支持。

① “里甲”是为了让屋檐前端向外突出而设置的装饰板。

德川家光时代的江户城天守（宽永期天守）

江户城的天守历经德川家康、秀忠、家光三代将军，共修建 3 次。德川家康修建的天守（庆长期天守）有 5 重屋顶，既可以说是层塔型，又可以说是望楼型（见第 10 页）。德川秀忠的天守（元和期天守）是层塔型 5 重天守，没有回廊，墙壁上镶有下见板，破风上附有金饰。德川家光的天守（宽永期天守）留下了详细的图纸，是 5 重 5 阶的层塔型，属于没有小天守和付橹的独立天守，各重面积的递减遵循一定的规律。

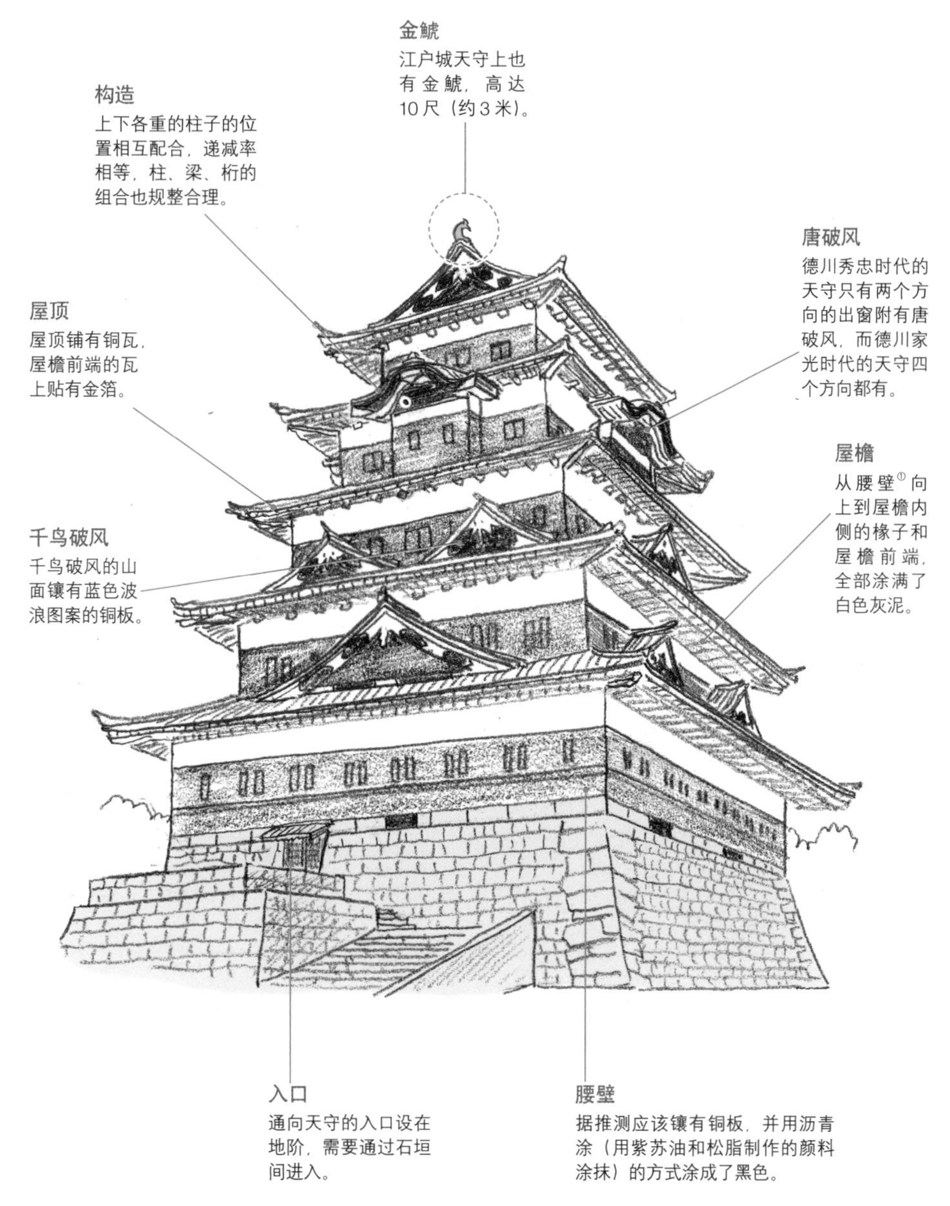

①墙壁的下半部分，多指窗户以下。

德川家光时代的江户城本丸

江户城是近世的巨大城郭之一，由本丸、西之丸、红叶山、二之丸、三之丸、吹上、北丸等多个曲轮组成。其中本丸建有天守和御殿，是最重要的一郭（天守和御殿同时存在的时期只有从筑城算起的最初50年左右）。本丸中的建筑密密麻麻，御殿是多座建筑相连组成的复合体。

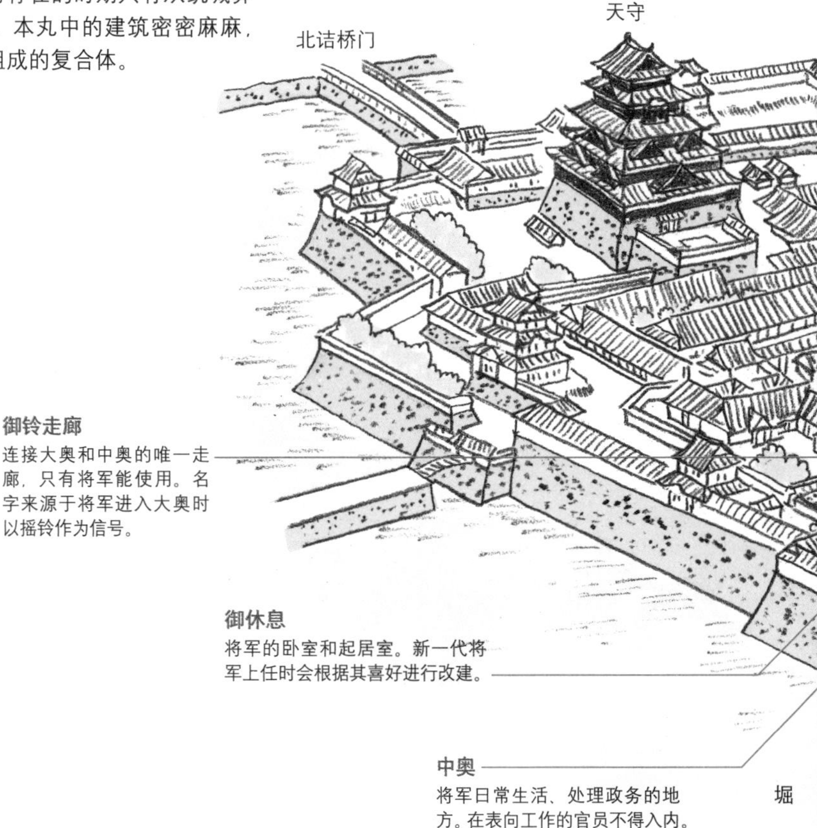

column | 城外保留的江户城御殿

江户城御殿已不存在，但其中一部分在埼玉县川越市的喜多院保留了下来。这是第三代将军德川家光下令从红叶山御殿移建过来的，用作客殿、书院和库里（厨房），包含了家光诞生的房间和春日局（家光乳母）化妆的房间等。家光诞生的房间是配备壁龛和违棚的书院造，天花板为格天井，规格极高。

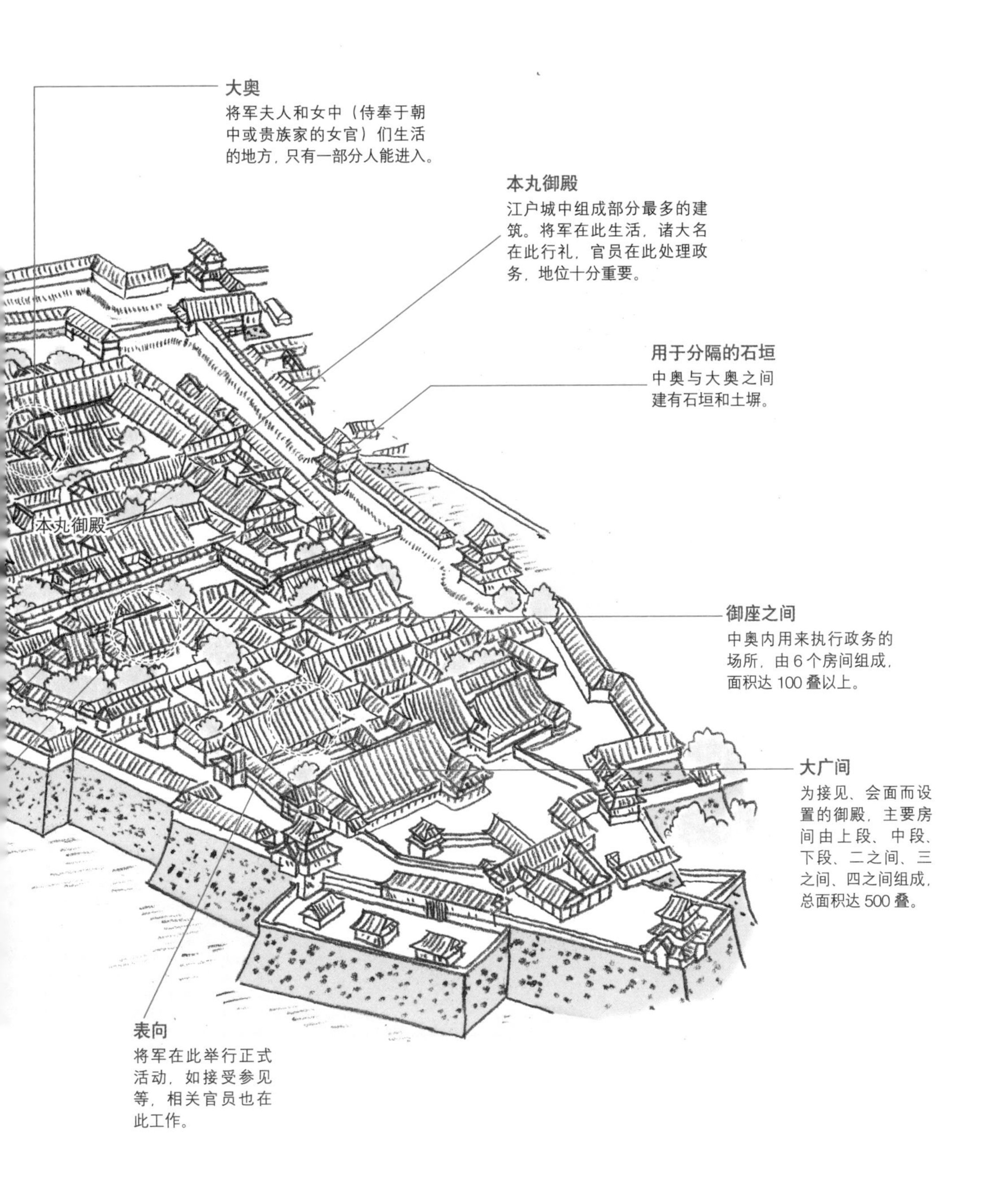

data

江户城

所在地：千代田区千代田
交通：地铁大手町站或JR东京站步行约10分钟
主要遗构：田安门、清水门等（以上为重要文化财，现存），橹、番所、城门（以上为现存），大手门（重建）

国家特别史迹

五棱郭

五棱郭是明治维新时箱馆政府①的所在地，运用了欧洲的筑城技术。极具特征的星形城郭考虑到了对枪炮的防御，凸出的部分（棱堡）有效消除了炮击的死角。

为了承受炮击，五棱郭的城墙混用了石垣和土垒，外围环绕着宽阔的堀。城内建有奉行所②、藏和长屋等。为了防备外国军队的攻击，五棱郭建在了函馆湾不会被炮击的地方，但大炮的发展更快一步，舰船上的炮弹在箱馆战争中打到了城内。

诞生在欧洲的棱堡式

棱堡式城郭适合用步枪防御的城塞，极具特色的星形消除了迎击的死角，可以从两座棱堡夹击攻城的敌人。在星形的凹陷处修建了半月堡，既能缩短棱堡间距离，又能提升防御力。

长斜堤

此图为从城内一侧看到的长斜堤。土垒上栽种树木，另一侧是向下的斜坡，敌军必须登上斜坡才能向城靠近，便于守备的士兵射击。

犬走

土垒、石垣和堀之间设有犬走。

半月堡

为了弥补棱堡的死角、使城内的出击不被攻城方直接看到，修建了半月堡，日式的类似建筑叫“马出”。最初计划修建5处，但因财政困难变成了现在看到的仅1处。

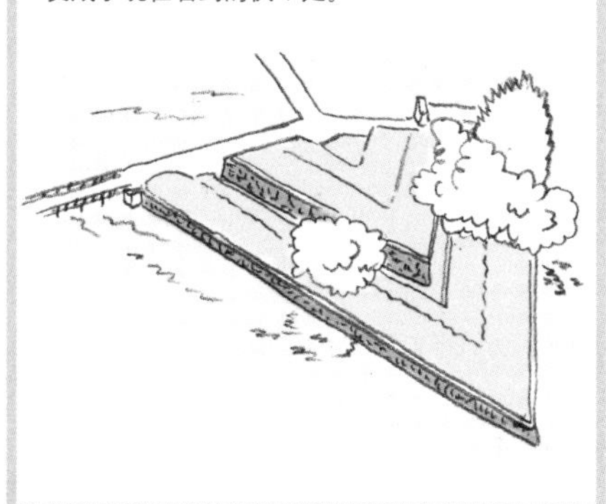

筑城年：安政4年（1857年）；形式：平城；筑城主：江户幕府

①大政奉还后，失去立身之所的德川家家臣以及不满明治政府待遇的人们为了开辟新天地而远渡虾夷，以五棱郭为据点建立新政权（箱馆政府），与维新政府军交战（箱馆战争）。②奉行是平安时代至江户时代授予武家的官职名称之一，奉行所即奉行人办公之所。

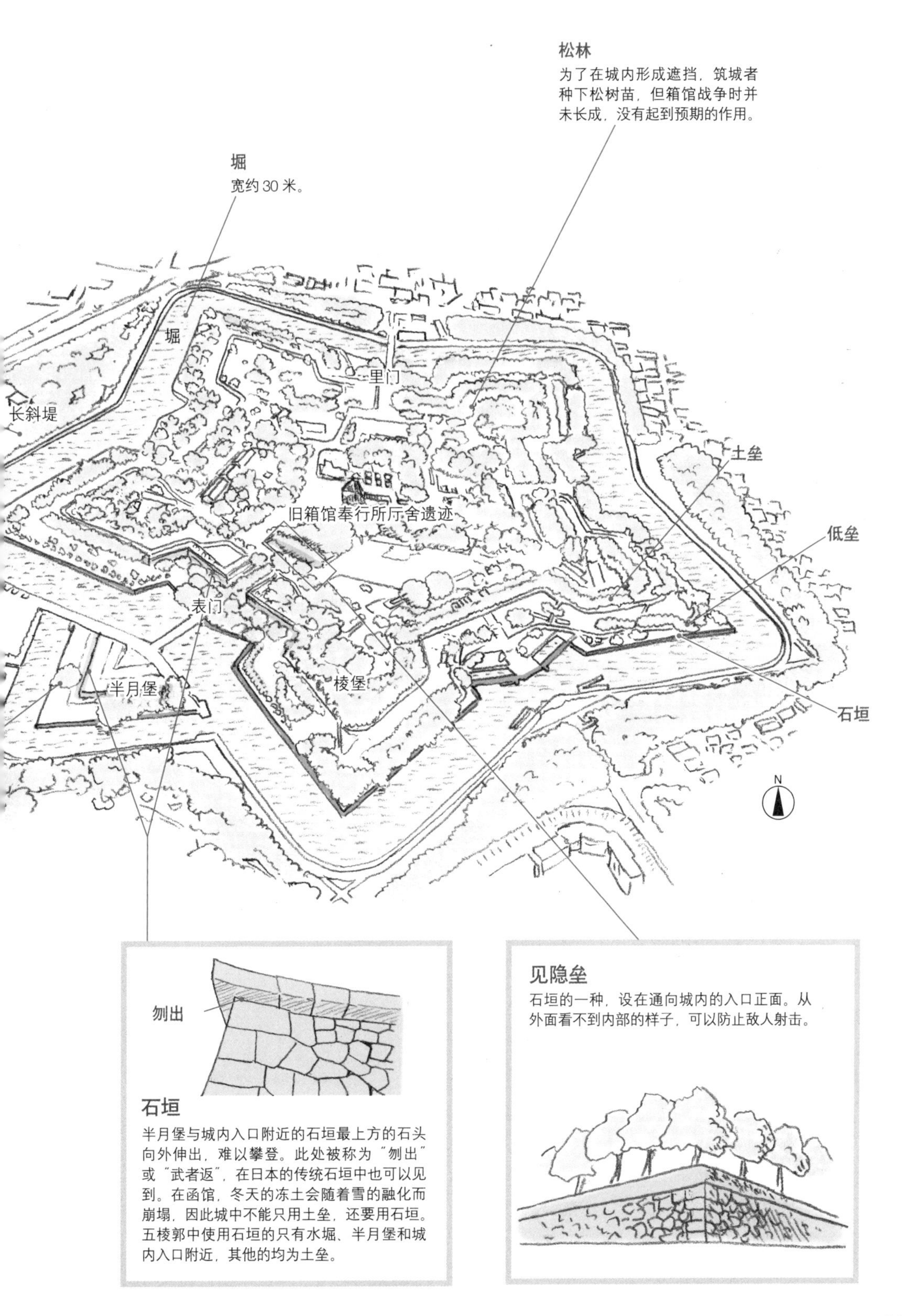
松林
为了在城内形成遮挡，筑城者种下松树苗，但箱馆战争时并未长成，没有起到预期的作用。
堀
宽约 30 米。
堀
里门
长斜堤
土垒
低垒
旧箱馆奉行所厅舍遗迹
表门
半月堡
棱堡
石垣
N
刎出
石垣
半月堡与城内入口附近的石垣最上方的石头向外伸出，难以攀登。此处被称为"刎出"或"武者返"，在日本的传统石垣中也可以见到。在函馆，冬天的冻土会随着雪的融化而崩塌，因此城中不能只用土垒，还要用石垣。五棱郭中使用石垣的只有水堀、半月堡和城内入口附近，其他的均为土垒。
见隐垒
石垣的一种，设在通向城内的入口正面。从外面看不到内部的样子，可以防止敌人射击。

“防御炮击”是关键

减少炮击目标、便于迎击对手是五棱郭的主旨。城内土垒较多是为了吸收炮击的冲击，建筑也比土垒更低。

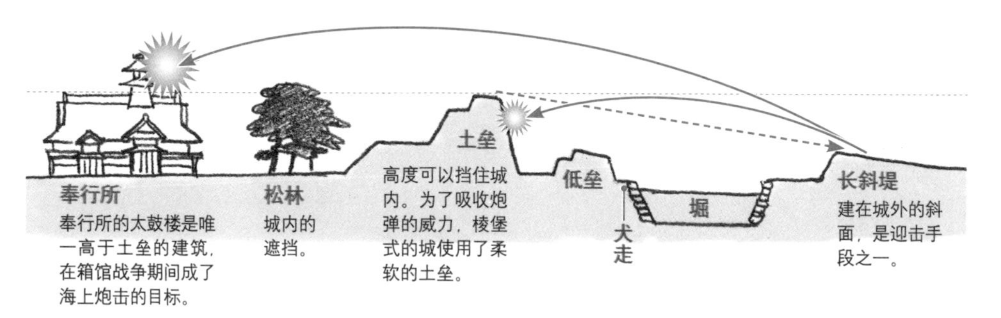

箱馆奉行所

现在看到的建筑是依据照片、图纸和发掘调查结果复原的（2010 年对外开放），复原规模相当于原有规模的 1/3。

大广间

由一之间到四之间共 4 个房间组成，去掉分隔用的拉门，即可成为 72 叠的大广间。可以结合位于内部的外客厅，体验当时的空间。

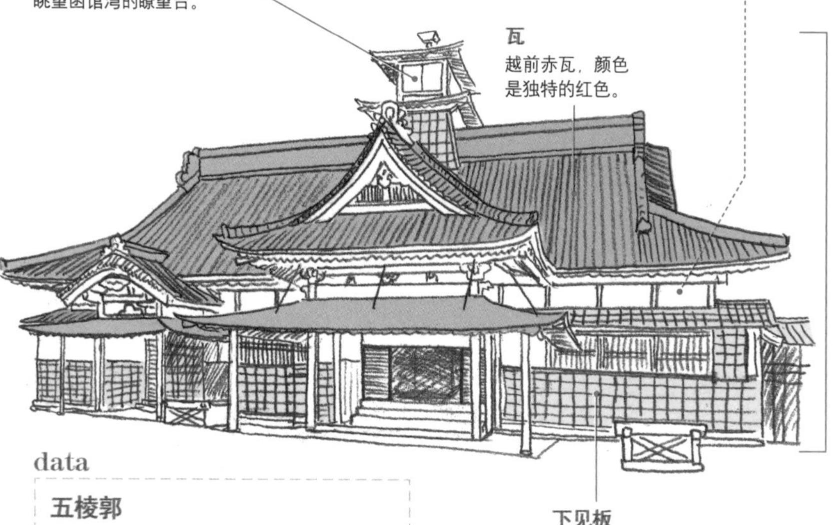

data

五棱郭

所在地：函馆市五棱郭町、本通
交通：市电五棱郭公园站步行约 20 分钟
主要遗构：土垒、石垣、堀（以上为现存），箱馆奉行所（复原）

MEMO：在复原的箱馆奉行所中，除了能体验当时奉行所的内部空间，还能参观展示复原过程的展板。

column | 其他棱堡式城郭

龙冈城（长野县）

位于长野县佐久市，是1863年建造的西式城郭试验品，龙冈藩的藩厅位于其中。后来一度荒废，但在周边居民的努力下复原，并成为国家指定史迹。石垣、土垒和留存至今的台所橹是主要看点。

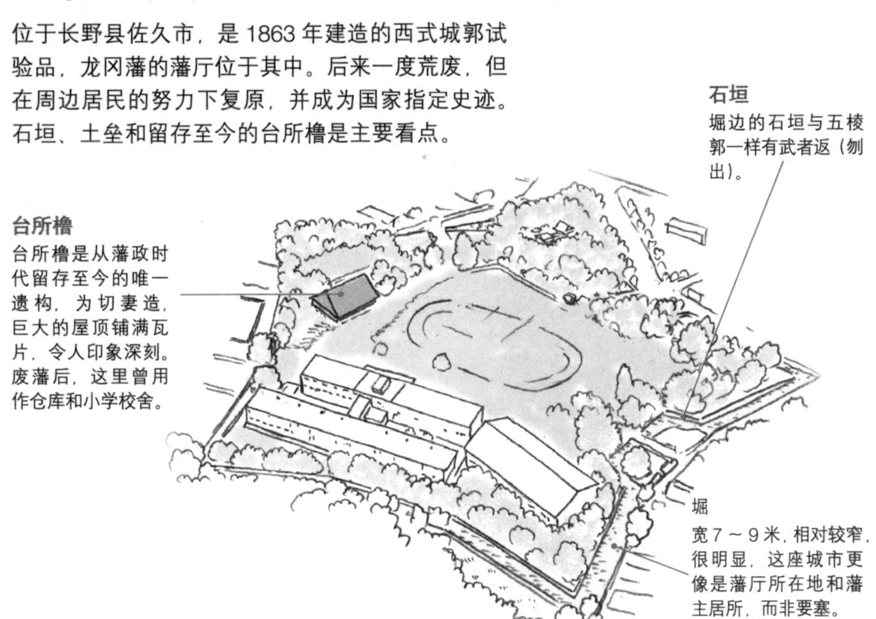

四棱郭（北海道）

四棱郭位于五棱郭的东北方向，于1869年由士兵和居民共300人突击修筑完成，四周没有石垣，只有高约3米的土垒，堀也只有不到3米宽，防御力不如五棱郭。曾一度变成耕地，部分建筑遭到破坏，后在1973年复原，是国家指定史迹。

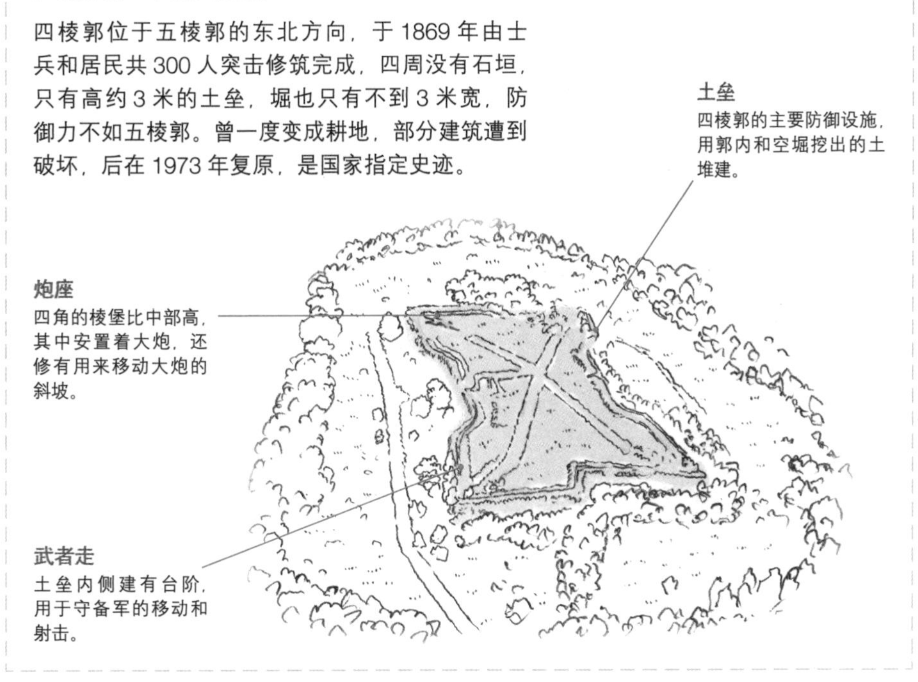

长野县　**信玄对西面的防御，罕见的“穴城”**

重要文化财　小诸城

小诸城比城下町海拔更低，称为“穴城”。曲轮的建造巧妙地利用了小诸的独特地形——“田切”和千曲川的险岸，在其中绕行观察，妙趣横生。

实施如此出色绳张的是山本勘助[①]和马场信房。后来，仙石秀久不断活用原来的绳张修整了石垣、天守和门等建筑，形成了现在可见的石垣之城。天守在江户时代毁于雷击，门和御殿则在明治时代废城后被强行拍卖。如今，城址变成了“怀古园公园”，近些年还再次移建和修缮了大手门。

活用地形的绳张

田切是千曲川及其支流在浅间山的喷发堆积物上切割而成的凹形地貌。这一地貌成为天然堀切，相互连接并环绕在台地周围，最终形成曲轮，因此各个曲轮独立性很高。如果从东边的城下町一侧看，小诸城处于低处，但若从西边的千曲川一侧看，小诸城就像位于河对岸断崖上的要塞。

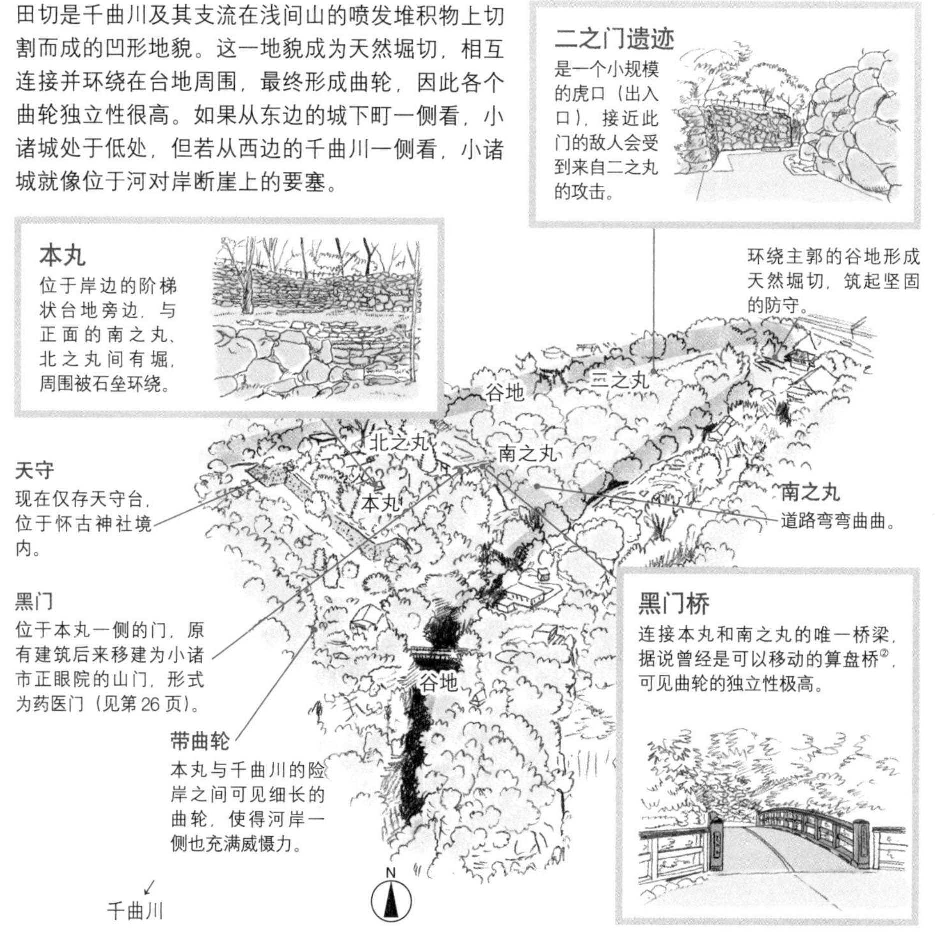

筑城年：天文23年（1554年）；形式：平山城；筑城主：武田信玄

①山本勘助是武田信玄的军师，据说是绳张名家。②算盘桥的下部可以伸缩，使得桥可以往城内方向拉动。

展现小诸城风采的遗构

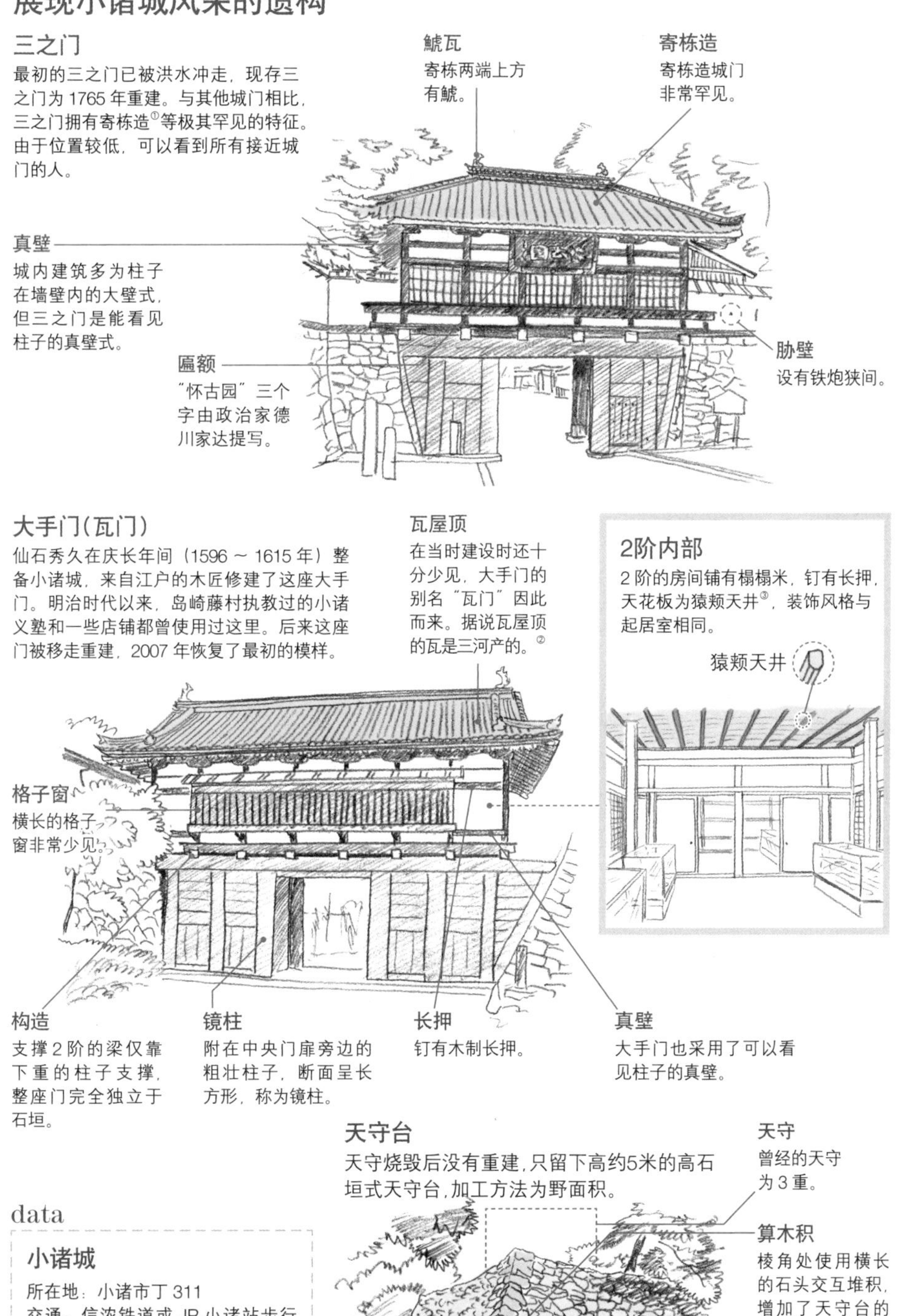

三之门

最初的三之门已被洪水冲走，现存三之门为1765年重建。与其他城门相比，三之门拥有寄栋造[①]等极其罕见的特征。由于位置较低，可以看到所有接近城门的人。

鯱瓦

寄栋两端上方有鯱。

寄栋造

寄栋造城门非常罕见。

真壁

城内建筑多为柱子在墙壁内的大壁式，但三之门是能看见柱子的真壁式。

匾额

“怀古园”三个字由政治家德川家达提写。

胁壁

设有铁炮狭间。

大手门（瓦门）

仙石秀久在庆长年间（1596～1615年）整备小诸城，来自江户的木匠修建了这座大手门。明治时代以来，岛崎藤村执教过的小诸义塾和一些店铺都曾使用过这里。后来这座门被移走重建，2007年恢复了最初的模样。

瓦屋顶

在当时建设时还十分少见，大手门的别名“瓦门”因此而来。据说瓦屋顶的瓦是三河产的。[②]

2阶内部

2阶的房间铺有榻榻米，钉有长押，天花板为猿颊天井[③]，装饰风格与起居室相同。

猿颊天井

格子窗

横长的格子窗非常少见。

构造

支撑2阶的梁仅靠下重的柱子支撑，整座门完全独立于石垣。

镜柱

附在中央门扉旁边的粗壮柱子，断面呈长方形，称为镜柱。

长押

钉有木制长押。

真壁

大手门也采用了可以看见柱子的真壁。

天守台

天守烧毁后没有重建，只留下高约5米的高石垣式天守台，加工方法为野面积。

天守

曾经的天守为3重。

算木积

棱角处使用横长的石头交互堆积，增加了天守台的强度。

石

比其他石垣使用的石头更大。

data

小诸城

所在地：小诸市丁311

交通：信浓铁道或JR小诸站步行约5分钟

主要遗构：大手门、三之门（以上为重要文化财，现存），石垣、天守台、空堀（以上为现存）

①屋顶样式的一种，四面都有斜坡。与中国的庑殿顶（四阿顶）类似。②现在叫“三洲瓦”，爱知县生产的黏土瓦，旧时该地为三河国，因此说是三河产的。③此类天花板的竿缘（支撑并装饰木板天花板的细长木材，与木板垂直）横截面形似日本猿的脸型，因而得名。

国家史迹　竹田城

竹田城最出名的，就是它浮在附近河面上方雾霭中的梦幻身姿。竹田城的天守台建在海拔 350 多米的虎卧山山顶，利用斜面和山脊设置了由石垣围成的曲轮，是一座险峻的山城。

竹田城建于室町时代，筑城者是山名氏，建成后由太田垣氏担任城主，世代沿袭。直到织田氏占领竹田城，赤松广秀成了新城主，并建起现在的石垣。后来，赤松广秀承担了进攻鸟取城①时的火攻责任，切腹自杀，竹田城也在不久后废城。城内没有任何建筑留存至今，但石垣值得一看。

傲视四方的城郭

竹田城建在独立的山顶上，梯郭式（见第 24 页）曲轮充分利用了地形高低差，还有曲折的道路和枡形的虎口（出入口）。在石垣修建的年代，城内的角落和要塞应该也曾建有橹和土塀。

花屋敷
位于天守西侧的曲轮。

天守台
高达 10 米，即使从山麓看过去，上面的天守应该也能一目了然。

北千叠
据推测应为城的大手口所在的曲轮。

N
花屋敷
北千叠
三之丸
二之丸
本丸
南二之丸
南千叠

本丸
位于城中央，坐拥天守台，梯郭式曲轮从此处延伸开去。

南千叠
据推测应为搦手口所在的曲轮。

海拔
海拔 354 米，与山麓的高度差为 250 米。

遗迹现状

现在遗迹中没有建筑物，只剩下石垣，曲轮、虎口和道路清晰可见。石垣是 20 世纪 70 年代修复的，并于 2014 年再次维修。

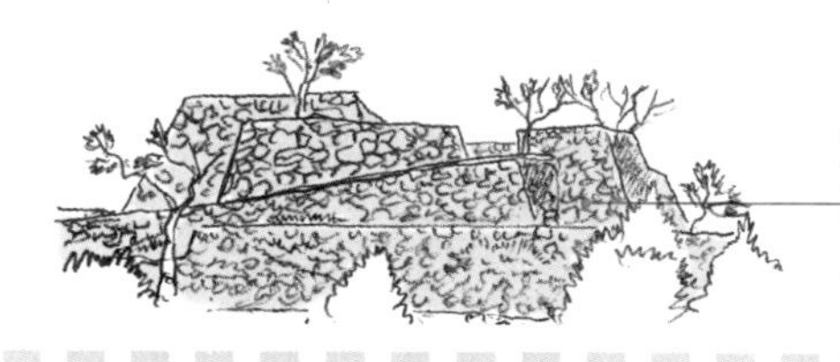

野面积的石垣保存完好，与安土城的石垣十分相似，同样带有穴太众的特征。

筑城年：文禄、庆长年间（1592 ~ 1615 年）；形式：山城；城主：赤松广秀

①鸟取城属于西军，城主为宫部氏，在关原之战中，东军攻占了鸟取城，迫使其开城。

想象往昔的建筑

竹田城中几乎没有任何线索可以帮助我们了解往日建筑的风貌，仅能通过发掘出的础石和大量瓦片了解建筑规模及屋顶铺瓦的事实。不过石垣的保存状况良好，借此可以掌握曲轮的样子。如今，有关石垣维护等遗迹保存的问题已经凸显出来。

data

竹田城

所在地：朝来市和田山町竹田字古城山
交通：JR 竹田站步行约 30 分钟
主要遗构：石垣

MEMO：近年来，随着游客数量急剧增长，地面逐渐被踩实，天守台等遗构表面的土被雨水冲走，埋入地下的础石和遗物悉数露出，石垣根部的石头之间也因泥土堵塞导致排水不畅，有引发石垣崩塌的危险。如今，石垣仍然在持续修复中。

国家史迹　萩城

在关原之战中战败的毛利辉元被削减领地，必须建造代替广岛城的新据点。在向幕府请示后，他选择萩的指月山作为城址，在山上和山麓分别修建了诘城（见第21页）和5重天守。

直到1863年藩厅移至山口之前，这座城都是藩政的中心。转移藩厅时，城中的部分建筑物也移建到了山口。剩下的建筑物在明治时代的废城运动中被毁，石垣、土垒和堀等保留至今。山上的诘之丸和海边的石垣等活用地形的绳张是萩城的看点。

设置诘之丸的平山城

筑城年：庆长9年（1604）；形式：平山城；筑城主：毛利辉元

昔日的 5 重天守

萩城天守是在 2 重建筑上筑起 3 重望楼的望楼型天守（见第 10 页），最上阶有栏杆和火灯窗（见第 11 页）等装饰，运用了大量石垣，可以感受到筑城者对身为延续自丰臣时代的西国大名感到无比自豪。总涂笼（即全部涂上灰泥）的墙壁、镶在窗口突上户的铜板等展现了当时最先进的技术，体现出城主对防御力的考量。

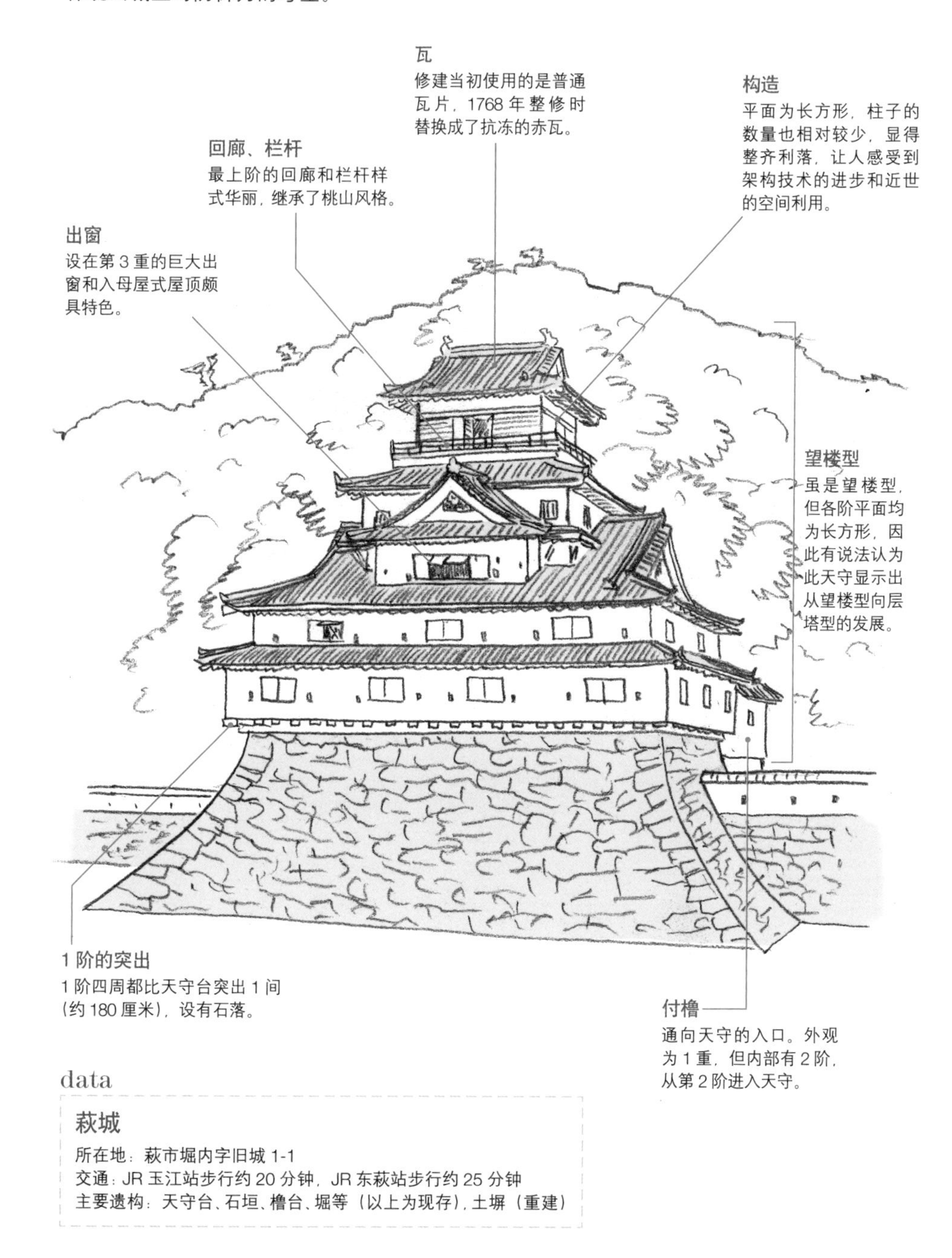

data

萩城

所在地：萩市堀内字旧城 1-1
交通：JR 玉江站步行约 20 分钟，JR 东萩站步行约 25 分钟
主要遗构：天守台、石垣、橹台、堀等（以上为现存），土塀（重建）

重要文化财·国家史迹 高松城

生驹亲正是秀吉麾下的武将，他成为岐的领主后修筑了高松城。至于是谁活用海边地形进行绳张，有说法认为是黑田官兵卫，也有说法认为是细川忠兴①。

1642年成为领主的松平氏进行了一系列重大改建，包括重新修建石垣、建造3重4阶的天守和增设曲轮等。直到1884年被拆毁前，天守始终矗立在城中。如今，高松城的很多遗构都展现出只有海城②才有的特征：例如城主会取道海路前往江户进行参勤交代，他出发时经过的水手御门及其周边；还有突出在水堀上方的天守台等，都是高松城的必看之处。

海城的防御

高松城北侧面向濑户内海，内堀和中堀的水都引自大海。内堀设有水门，可以调整水位，外堀设置了方便船舶停靠的河湾。内陆一侧的入口大手门修建了虎口（出入口），意在加强防御。危急时刻，人们可以放下通向本丸的桥，固守城中，敌军很难从大海一侧包围，攻城难度极大。

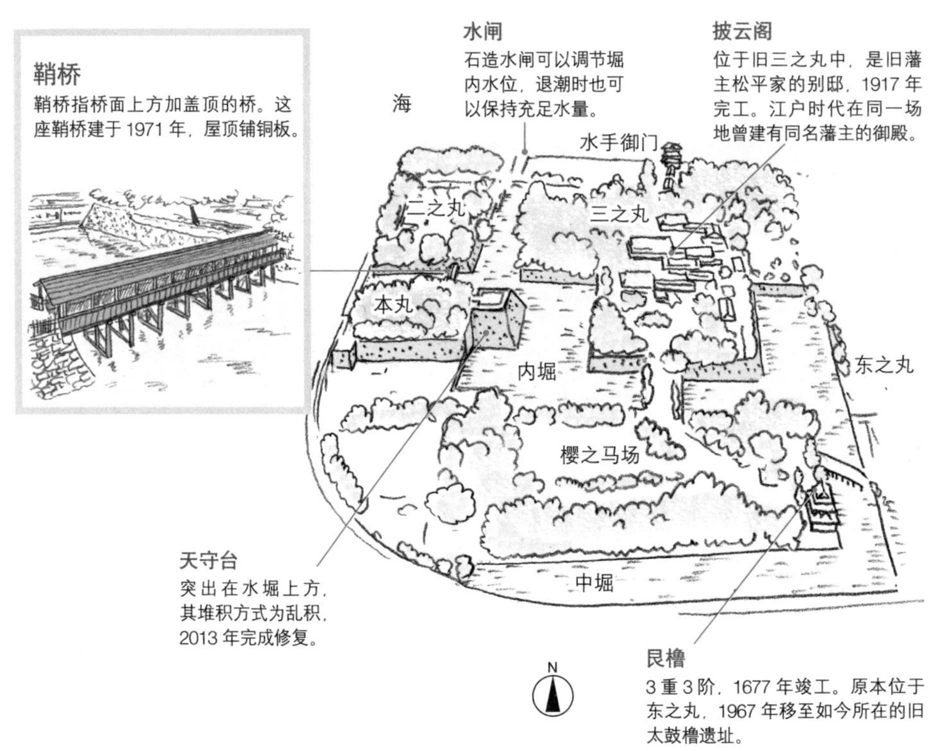

筑城年：天正16年（1588年）；形式：平城；筑城主：生驹亲正

①黑田官兵卫名孝高，作为丰臣秀吉的军师声名在外，也是很有名的筑城家。细川忠兴是战国时代到江户时代期间的武将、大名，也是千利休的高徒。②海城指面海而建、以海为天然要塞的城，尤指作为水军和海运据点的城。

海城的门与天守

通向大海的水手御门

城主从此门乘上小船，驶向停在海上的大船。水手御门就像正式的出入口，周边还有月见橹和渡橹，高松城的这些特征一直留存至现代。

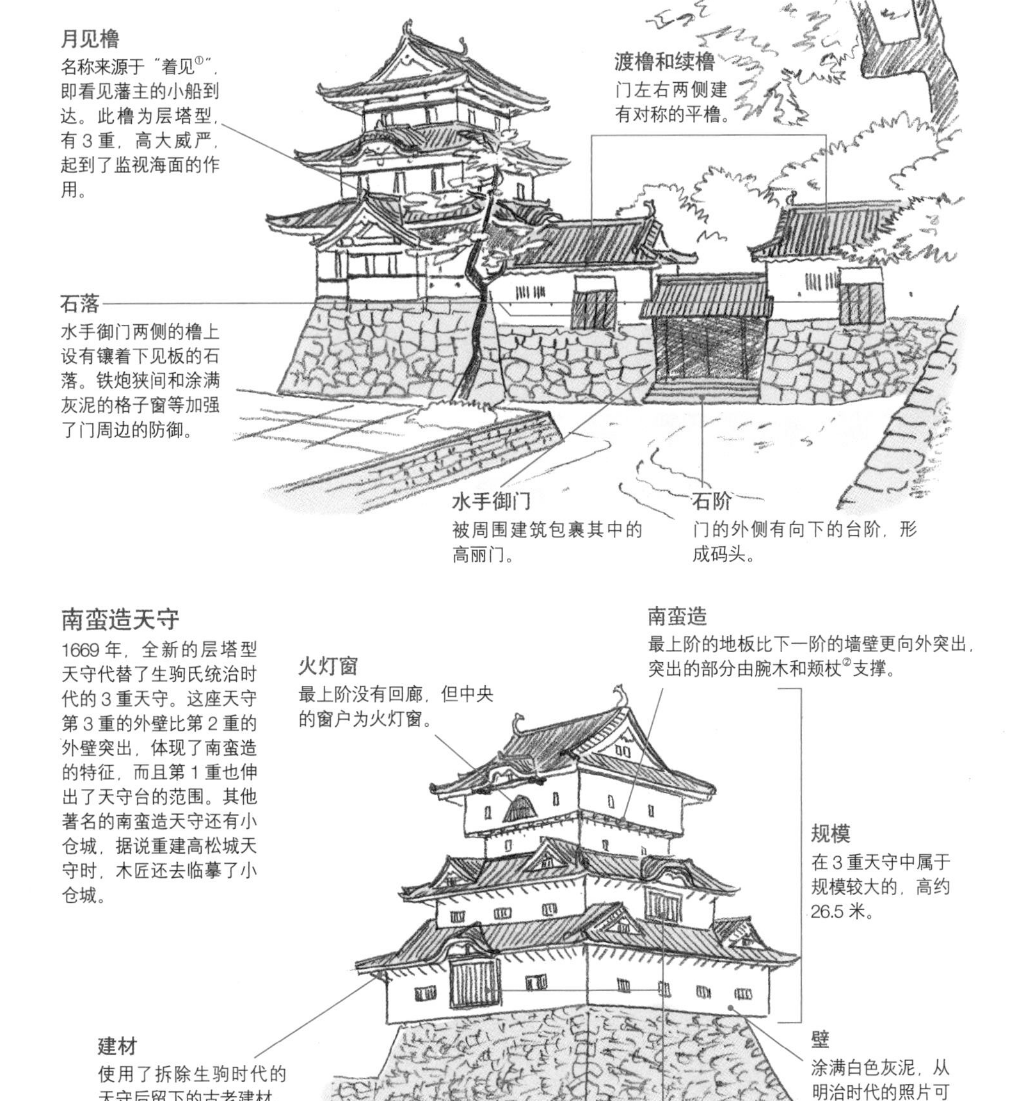

南蛮造天守

1669年，全新的层塔型天守代替了生驹氏统治时代的3重天守。这座天守第3重的外壁比第2重的外壁突出，体现了南蛮造的特征，而且第1重也伸出了天守台的范围。其他著名的南蛮造天守还有小仓城，据说重建高松城天守时，木匠还去临摹了小仓城。

data

高松城

所在地：高松市玉藻町

交通：JR高松站步行约5分钟

主要遗构：艮橹、月见橹、水手御门、渡橹（以上为现存，重要文化财），石垣（现存）

① "着"在日语中有到达之意，"着见"与"月见"在日语中读音相同。②日语中又名"方杖"，垂直建材与水平建材相接时，为了起到固定作用，在其相交的直角处斜着钉入较短的颊杖（方杖），形成三角形。

国家特别史迹

肥前名护屋城

名护屋城由丰臣秀吉下令修筑，是出兵朝鲜（见第52页MEMO）的大本营，普请动员了诸多大名，采用突击施工，1591年秋天动工后仅用8个月便完成。城内全部使用石垣，是一座拥有5重天守、本丸御殿和多座橹的大城郭。山里丸中有丰臣秀吉的宅邸，附带茶室和能舞台，可以在这里品茶。城的周围还修建了重要大名的宅邸和城下町。

名护屋城的规模在日本屈指可数，但1598年丰臣秀吉死后，日本从朝鲜撤军，这座大本营从此荒废。

7年多的短暂繁华

名护屋城的繁华从《肥前名护屋城图屏风》中可见一斑。本丸内建有豪华的御殿，5重天守和天守台的高石垣显示出发达的技术与雄厚的财力。曾有超过10万人汇聚在城下町，以各地大名率领的士兵为主。

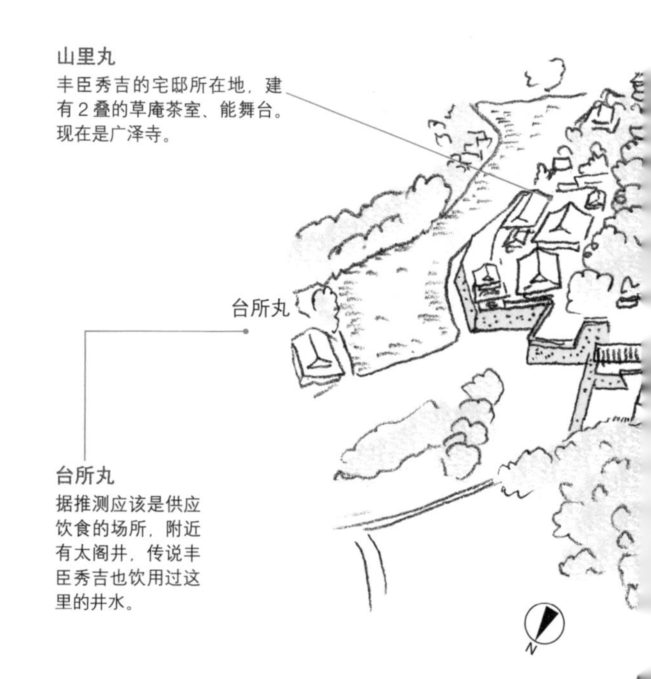

筑城年：天正19年（1591年）；形式：平山城；筑城主：丰臣秀吉

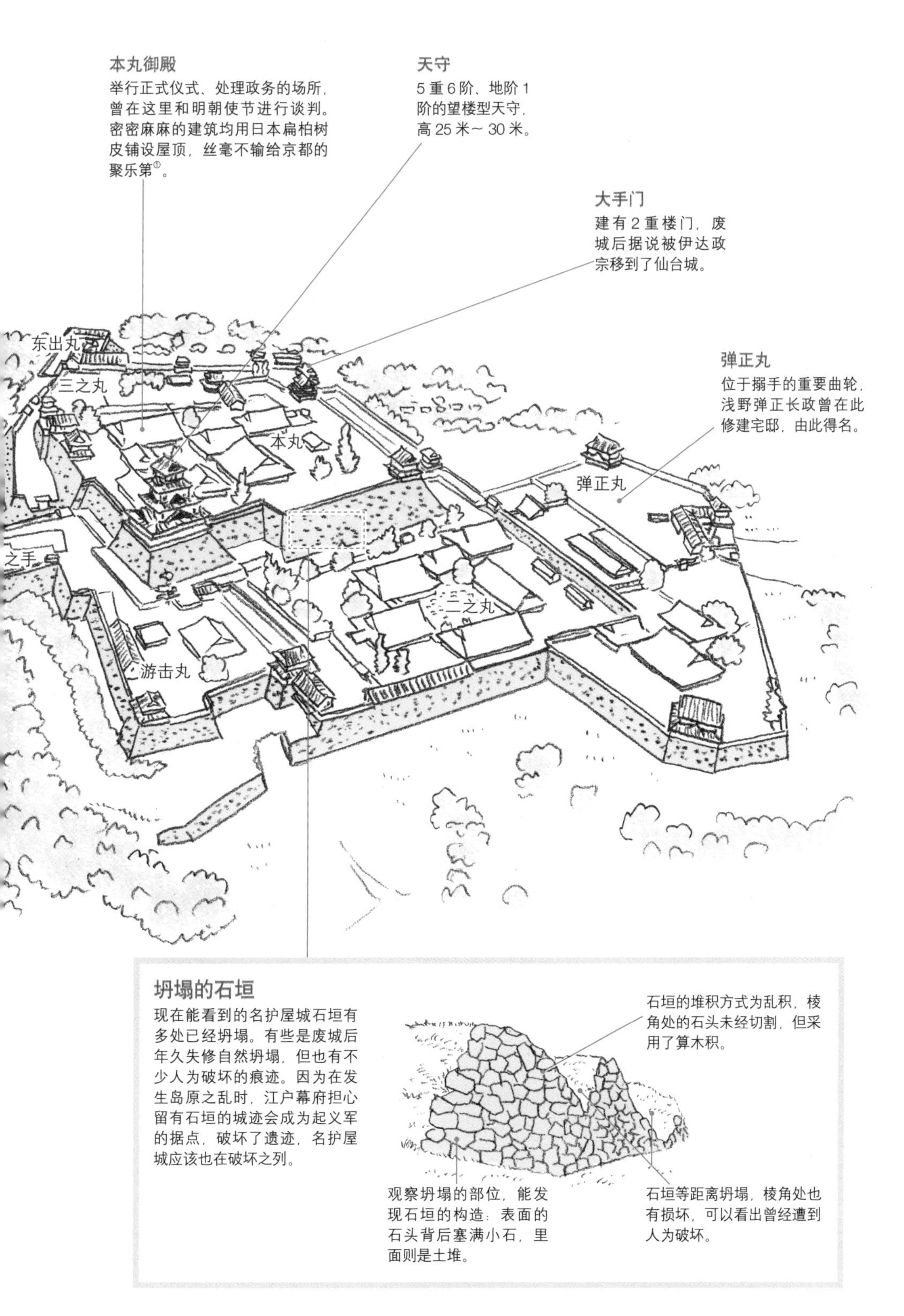

①丰臣秀吉建在京都的办公场所兼宅邸。

梦幻天守

名护屋城天守的壮丽身影只在世上存在了短短一段时间。它究竟是什么模样，相关的传世资料极少，谜团重重。根据当时拜访过名护屋城的人们的记录和描绘名护屋城的屏风画，天守应为 5 重 6 阶，有地阶。根据对天守台的发掘调查，地阶应该是天守的入口，1 阶为长方形平面，有 24 根柱子。

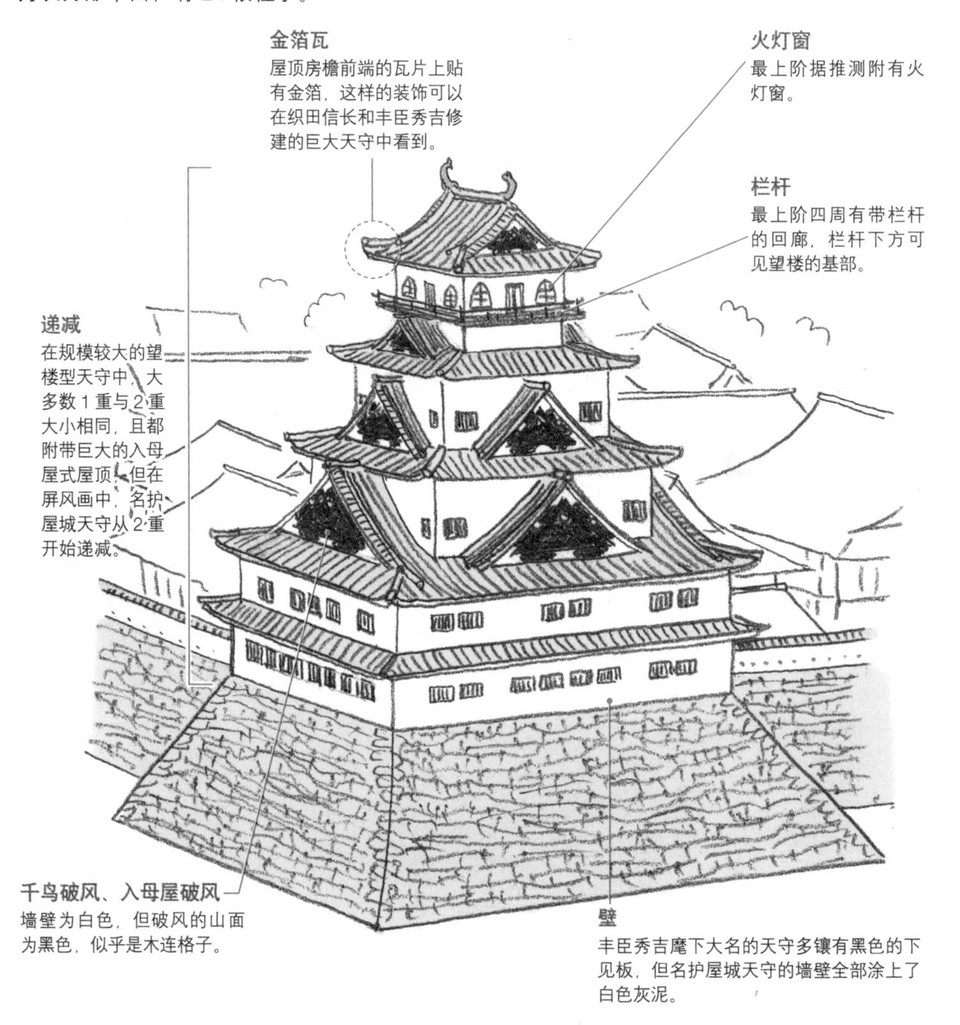

column | 出兵朝鲜　文禄、庆长之战

统一日本的丰臣秀吉企图侵占明朝，命令朝鲜服从并领军，但遭到拒绝，于是出兵朝鲜，这就是始于 1592 年的文禄之战。总兵力达 15 万的丰臣军在战争初期频频告捷，但在明军参战后败退至釜山，进行和谈。不过谈判最终决裂，丰臣秀吉于 1597 年再次出兵，此为庆长之战，一直持续到 1598 年丰臣秀吉离世。战争中在朝鲜的筑城经验也被用到日本国内，登石垣[①]等开始出现。

①沿山丘斜面建起并直通天守的城墙。

居住功能强大的大名阵营

带兵集结的大名们在名护屋城建起各自的阵营。这些并不是临时设置的战时阵营，而是具备御殿和广间的建筑群，居住功能强大，有的阵营中还建有墙壁涂满灰泥的 2 重橹。我们可以看一看情况较为清楚的堀秀治的阵营。堀秀治的阵营修建在名护屋城西南方向约 1 公里的小丘上，由 6 个曲轮组成，规模十分庞大，位于中心的本曲轮建有广间、御殿、能舞台等。

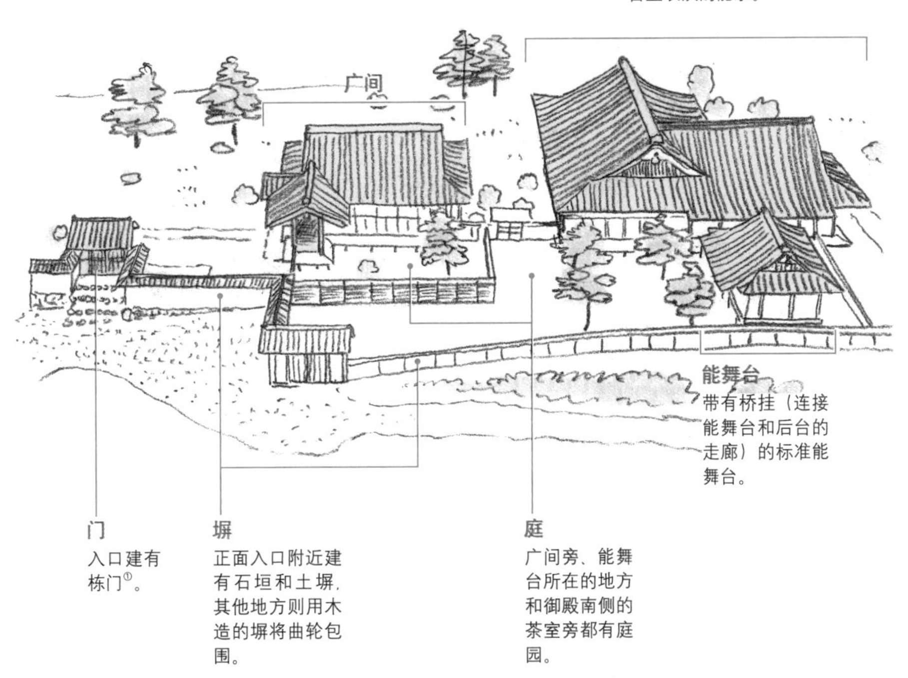

data

肥前名护屋城

所在地：唐津市镇西町名护屋
交通：JR 唐津站乘坐巴士在名护屋城博物馆入口下车，步行约 5 分钟
主要遗构：石垣（现存）等。

①由四脚门的下部和腕木门的上部组成。

城用语解说(二)

城的“攻击、防御”相关用语

【狭间】

天守、橹等建筑以及塀上用于射击或射箭的洞。根据使用的武器分为弓狭间、铁炮狭间等。依据射箭方式，弓狭间一般呈竖长形，铁炮狭间呈圆形、三角形或正方形。绝大多数狭间朝向建筑内侧的一面开口更宽，使得攻击范围更广，也更难遭受外侧袭击。

备中松山城
三之平橹，东土塀狭间（见第72页）

【石落】

建筑和塀的部分墙壁比石垣更向外突出，石落就设置在突出部分墙壁的底部，也是防御设施。拉开地板后，可以从那里射箭、用步枪射击或扔石头，攻击攀登土垒或石垣的敌人。这一设施也构成了外观样式上的特征，有镶着下见板、上窄下宽的袴型和修建出窗并将窗台作为石落的出窗型等。

熊本城大天守石落（见第86页）

column | 筑城名家加藤清正（1562 ~ 1611年）

侍奉羽柴秀吉（后来的丰臣秀吉）的加藤清正是一代勇将，也是筑城名家。他在丰臣秀吉和德川家康下令进行的天下普请中担任要塞的石垣普请。他修筑的城绳张极为复杂，处处可见以实战经验为依据的手法。最有名的是被称为“清正流”的石垣筑造法。这是一种将石垣堆积成斜坡的方法，下部坡度较缓，随着高度上升坡度逐渐变陡，形成美丽的曲线。敌军即使踏上石垣也很难持续攀登，也被称作“武者返”。

清正流的石垣

石垣的堆积方法又被称为“寺勾配”，下部坡度缓和，随着高度上升逐渐变陡。

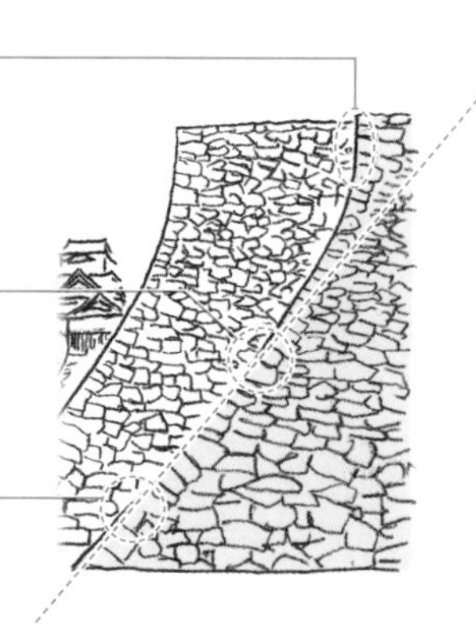

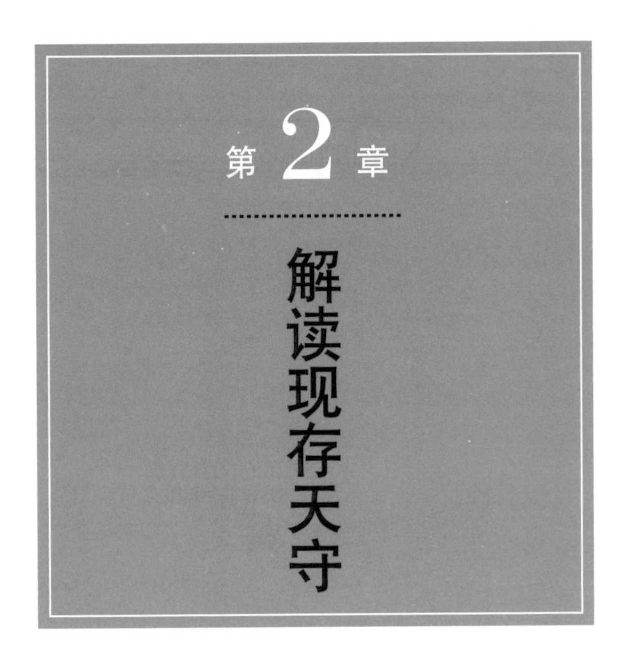

第2章 解读现存天守

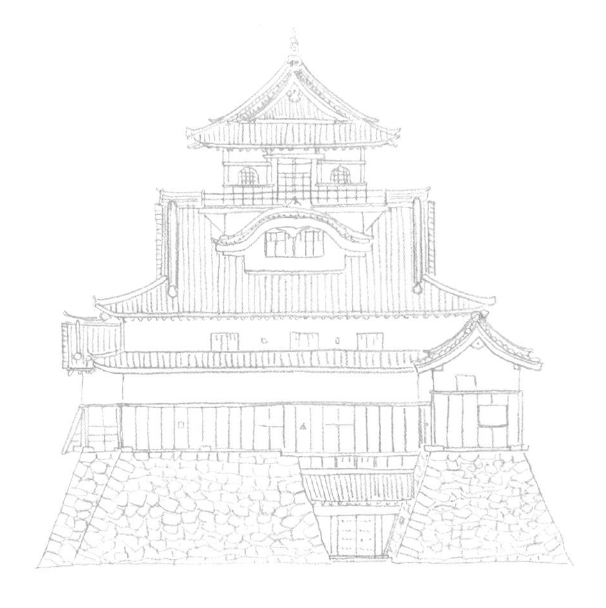

兵库县 **现存最大规模的傲世白鹭城**

世界遗产·国宝·
重要文化财·国家特别史迹

姬路城

在羽柴秀吉的命令下，起源于南北朝时期要塞的姬路城变成了拥有 3 重天守的标准近世城郭。关原之战后，成为城主的池田辉政进行了大规模扩张与改建，1609 年筑起连立式天守。10 年后，本多忠政主导修建西之丸，姬路城最终成形。

在明治时代，姬路城失去了大手门和御殿，但保存下来的建筑得到了维修。历经昭和时代、平成时代的修缮，姬路城留存至今。1993 年，姬路城成为日本第一处世界遗产，广为人知。

文化财鳞次栉比之城

现在，姬路城中共有 8 处国宝和 74 处重要文化财。城内大多数建筑都建于江户时代初期，经历了明治时代的替换腐朽部件和结构加固，以及昭和时代的解体修理，受到精心维护后保存至今。其中的经验对其他城的维修和复原都非常有益。

千姬嫁入时（1618 年），对西之丸进行了修整，因此这里的建筑建于 1619 年前。

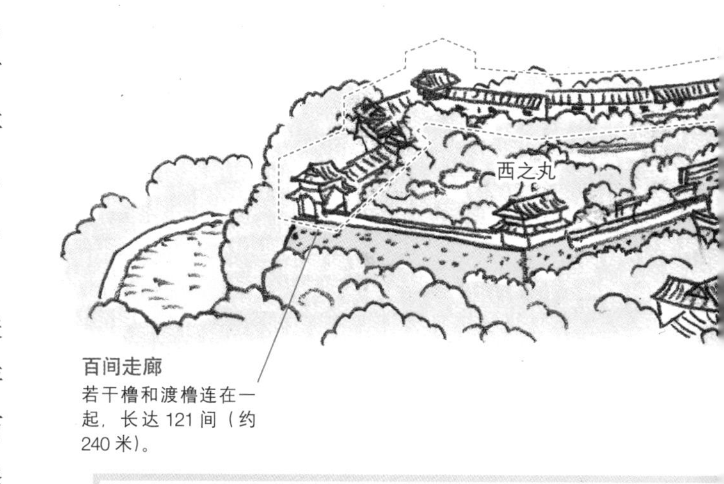

百间走廊
若干橹和渡橹连在一起，长达 121 间（约 240 米）。

口字形的连立式天守
大天守和小天守之间由渡橹相连，这样的连立式天守是当时最新的筑城方法。

水之五门
二之渡橹下修建的门，可以由此进入天守群包围的中庭，庭内建有 1 重的台所橹。

筑城年：天正 8 年（1580 年）、庆长 6 年（1601 年）；形式：平山城；筑城主：羽柴秀吉、池田辉政

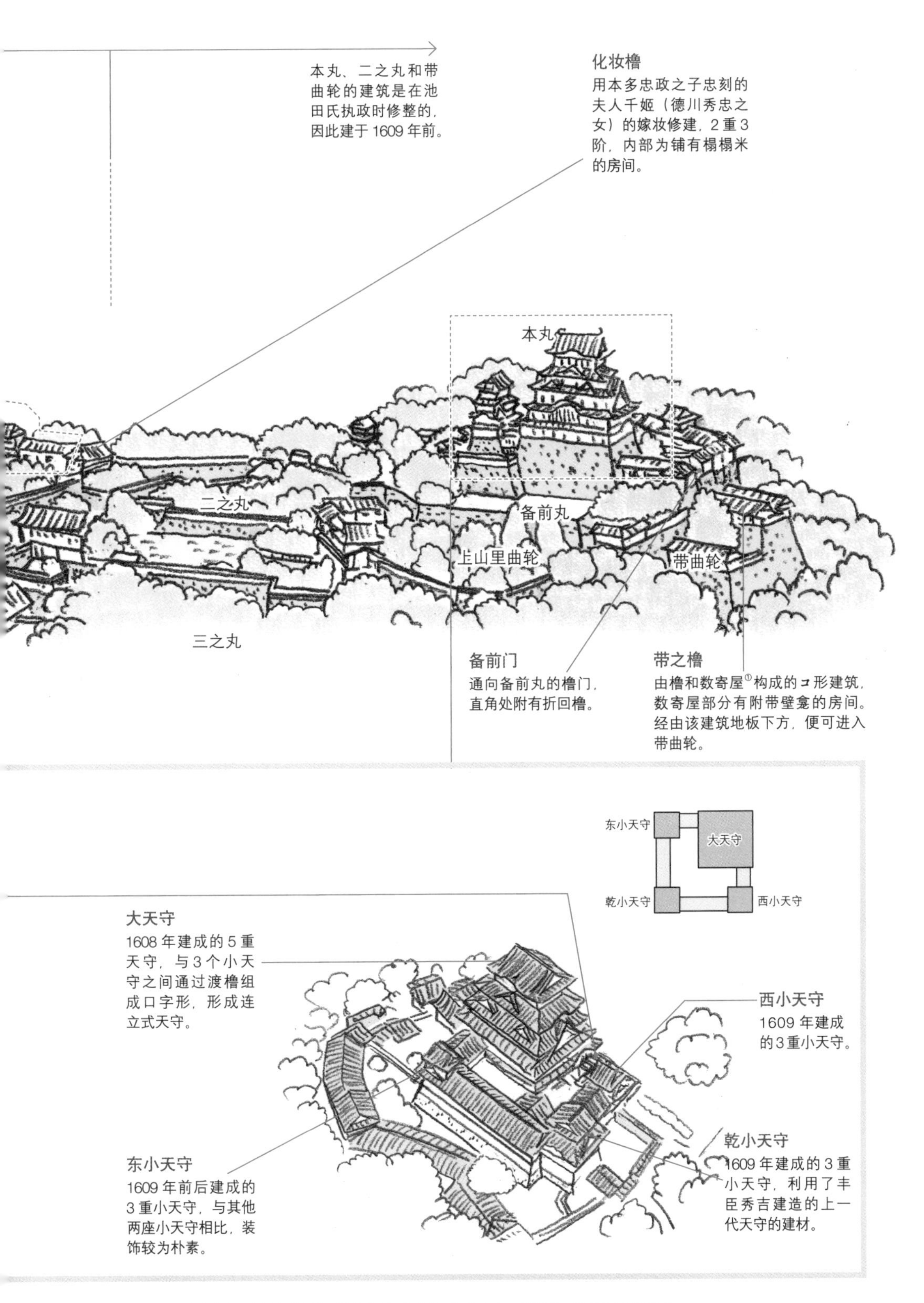

①茶室风格的建筑，建材多种多样，没有长押，壁龛相对简素自由，庇较深，使得室内更加静谧。

连立式天守的关键：大天守

大天守为5重6阶、地下1阶的望楼型建筑，是现存天守中最大的，高约31米。第2重的格子窗与上部的唐破风大气磅礴，千鸟破风与唐破风的搭配妙不可言，这些设计为大天守带来了厚重感与优雅气质。由于附带小天守，不同角度的大天守姿态截然不同，可以尽享其千变万化。

石打台

4阶的窗户比地面高出不少，因此设置了石打台，方便士兵站在上面射击。

心柱

大天守的心柱有东西两根，从地阶一直通到6阶地板下方，根部直径为95厘米，长24.6米，由两根木材相接形成。

第5重墙面中央的梦幻之窗

在平成年间的修理中，人们在墙壁中发现了木制窗框。如果将其作为窗户，可以360度全方位眺望。窗户变成墙壁，应该是为了加强对屋顶的支撑。

瓦的葺法

姬路城的瓦与瓦之间的接缝处涂有灰泥，让屋顶看起来白茫茫一片，再加上白色灰泥涂笼的墙壁，确实是名副其实的白鹭城。

第5重的外观

第5重外侧可见柱形（附在墙面上的壁柱）和长押形（露在墙面的长押），船形栱和桁上的蟆股[1]也涂满灰泥。这是在书院和御殿中使用的手法，显示出极高的规格。

唐破风

西小天守和乾小天守的2重和1重屋顶可见轩唐破风，但东小天守没有。西小天守的唐破风与大天守的唐破风左右并列，格外有趣。

第6阶内部

第6阶采用棹缘天井[2]，四周环绕长押，长壁神社镇坐其中。

二之渡橹

连接西小天守与大天守，橹下设有通向中庭的门，因此被建成2重橹门，据推测应该是最晚修建的渡橹。

雪隐

大天守的地阶中建有雪隐（厕所），便槽中设置了大缸。

①位于梁等上方的承重部件，轮廓呈山形，最初为承重必需，后来逐渐演化成装饰。②木造住宅最常见的日式天花板，将名为棹缘的细横木按30～60厘米间隔排列，其上铺天花板。

小天守与渡橹

东小天守为3重3阶地下1阶，西小天守为3重3阶地下2阶，乾小天守为3重4阶地下1阶，每座小天守的阶数都不同。从外观上看，火灯窗的数量和唐破风的位置也有所差异。在渡橹中，二之渡橹设置了门，穿过此门即可进入天守群包围的中庭，到达大天守。

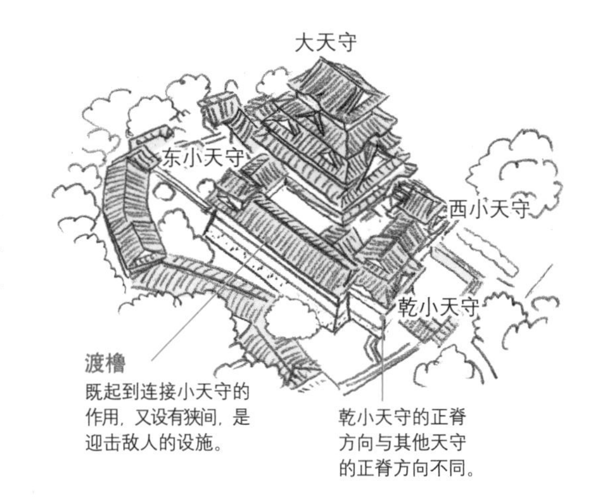

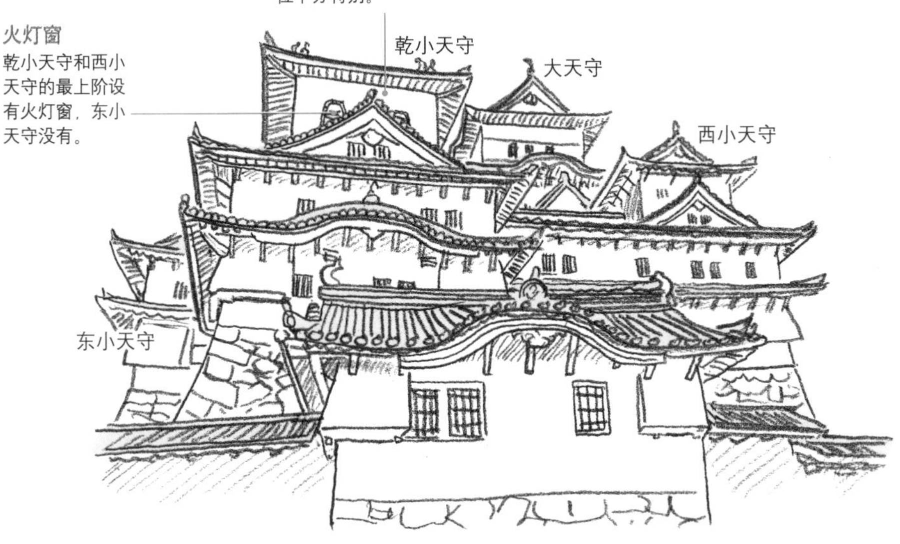

column | 心柱的替换

在昭和年间的大修中，人们替换了其中一根心柱，备选木材有两根，一根来自木曾国有林，是树龄780年的日本扁柏；另一根来自当地神埼郡笠形神社，是树龄670年的日本扁柏，但是两者分别在砍伐和搬运时折断。人们将两者相连构成了心柱，连接处位于3阶的地板下。

后来调查发现，大天守是由“地阶～3阶地板下”“3阶”“4阶～5阶”和“6阶”共4部分累建而成的，因此心柱不可能只用1根木材。从结果来看，将柱子的连接处设置在3阶地板下是最佳选择。

伊、吕、波之门展现的防御巧思

从菱之门开始依次穿过伊、吕、波[①]之门，这是通向天守的标准路线。其实这不是最短通道，穿过菱之门后，再穿过石垣上的穴门“留之门”才是最近的。城内道路的宽度有所变化，很容易迷路，可见筑城者为了不让敌人轻易入侵颇费心思。

伊之门

建在石垣间的高丽门。

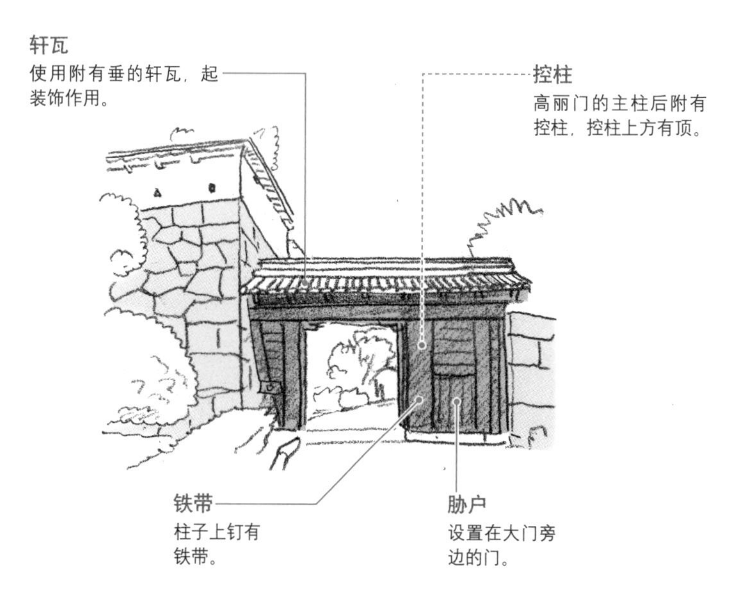

波之门

位于坡道顶端左转处的橹门。

①伊、吕、波分别对应日语假名い、ろ、は，这是假名的一种排序，常用来表示顺序，下文“留之门”等门和橹的命名同样来自此排序。
②守军用来从侧面攻击敌人的设施，可以射箭或射击。③为了承托地板而在下方铺设的横木。

本多氏时代的西之丸建筑

西之丸是池田氏之后的城主本多氏修建的曲轮，被土塀、橹和渡橹包围，曾经建有御殿。

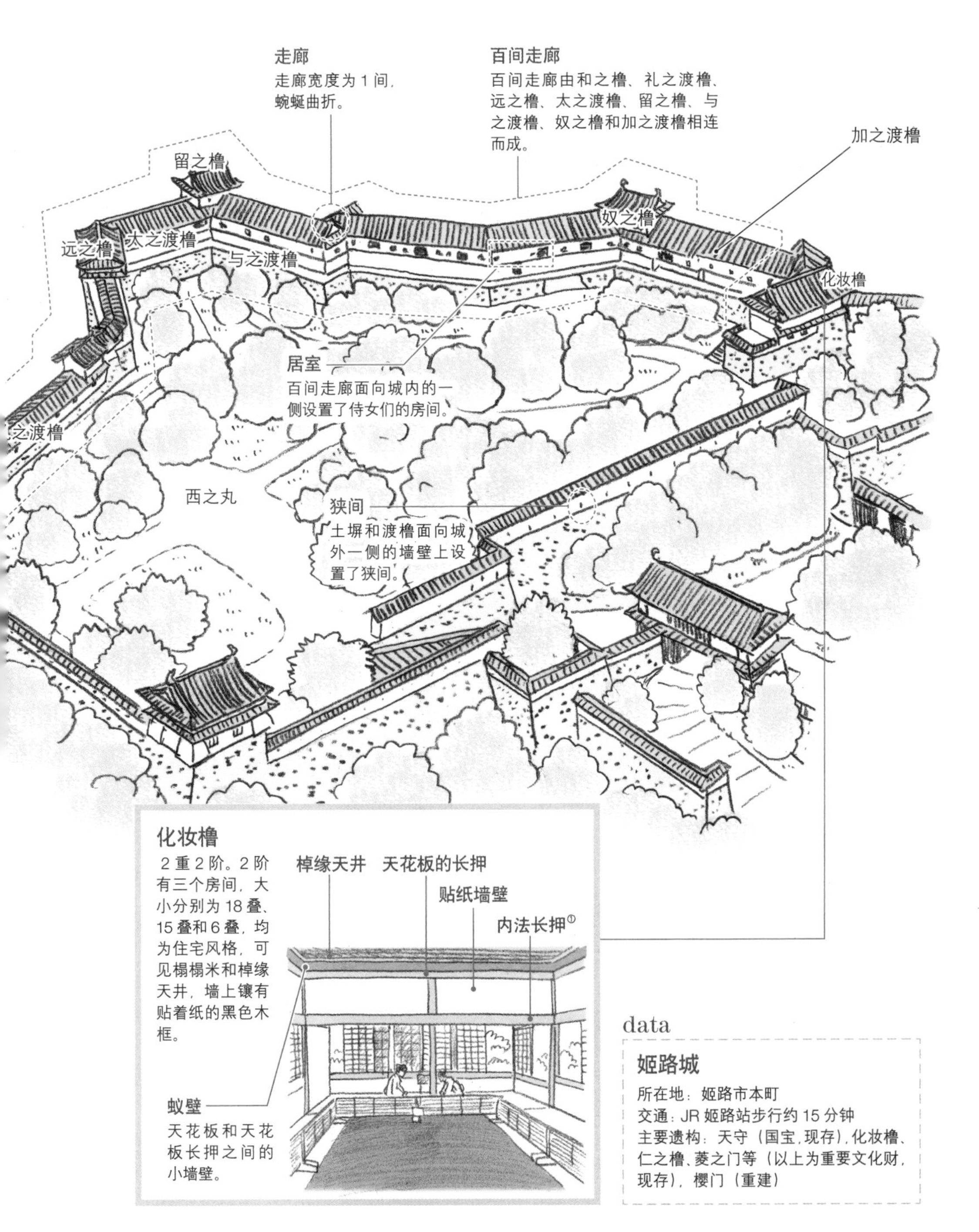

①鸭居（拉门门框上部的带槽横木）正上方的长押。

国宝·国家史迹

松本城

16 世纪末期，松本城从中世城塞转变成近世城。关于天守的修建年份众说纷纭，能够确定的是在修建月见橹和辰巳附橹的宽永年间（1624 ~ 1643 年），天守的屋顶形态发生了极大改变。此外，月见橹据说是为将军的御成[①]（并未实现）而建。

明治时期，天守曾一度陷入被变卖的危机，但最终逃过一劫。经过明治到大正年间的维修和战后的解体维修，天守得到了很好的修复与保存。随后，门等建筑逐渐复原，现在人们正以幕末维新时期的松本城为范本，重新恢复它的模样。

继承甲州流绳张的平城

松本城属于平城，本丸被コ形的二之丸包围，二之丸外围环绕着三之丸，结合了梯郭式和轮郭式绳张，三之丸的四个出入口均设有甲州流特色的丸马出。石垣主要用在本丸和重要的虎口与橹台处，其他部位为土垒。

黑门

位于本丸大手筋的门。橹门一之门在 1960 年重建，重建时参考了名古屋城的门，二之门更加重视发掘成果，在 1989 年参考古代绘图复原。两座门两侧的土塀以 1870 年左右的绘图为蓝本。

绘图中的土塀上镶有下见板，板上设置了狭间，此外还有一排涂有灰泥的小壁，顶上葺瓦。这一外观基本得到了复原。

一之门参考了名古屋城的门，但墙面镶嵌的黑色下见板和入母屋破风的木连格子模仿了本丸的意趣。

人们在发掘调查过程中找到了二之门的望柱[②]和控柱的础石，确认这是一座附带胁户的高丽门。此门建成于江户前期，后来人们按照当时的样式进行了复原。

筑城年：天正 18 年（1590 年）；形式：平城；筑城主：石川数正

①将军等掌权者到家臣的宅邸拜访。②栏杆、台阶等两端或拐角处的粗柱子。

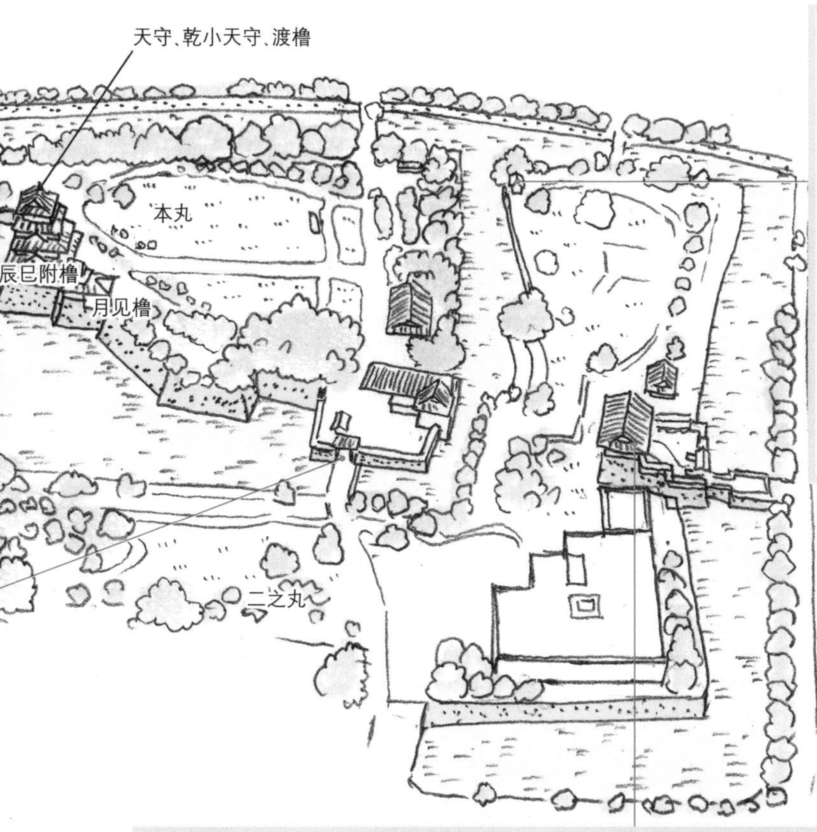

二之丸土藏

切妻造，规模很小，建于1867年，幸免于明治年间二之丸的火灾。据说当时曾用于保存金银财宝。

太鼓门

位于二之丸东侧与三之丸连接的部分，是由一之门（橹门）和二之门（高丽门）组成的枡形（1999年复原）。因虎口北侧土垒上有独立的太鼓楼，得名太鼓门。太鼓楼已经不复存在，但它当初独立于门存在，实属罕见。

发掘调查显示，一之门南侧的石垣较薄，与张石[①]类似，装饰感较强。

根据发掘调查和绘图确认了二之门为高丽门，旁边相连的土塀也是按照黑门的样式复原的。

根据发掘调查和绘图复原了带有胁户的橹门（一之门），下见板等与城内建筑相同。

column | 马出

设在虎口外侧。松本城的马出已不复存在，但在绘图上清晰可见，其所在位置如今已经变成了城市的街道。

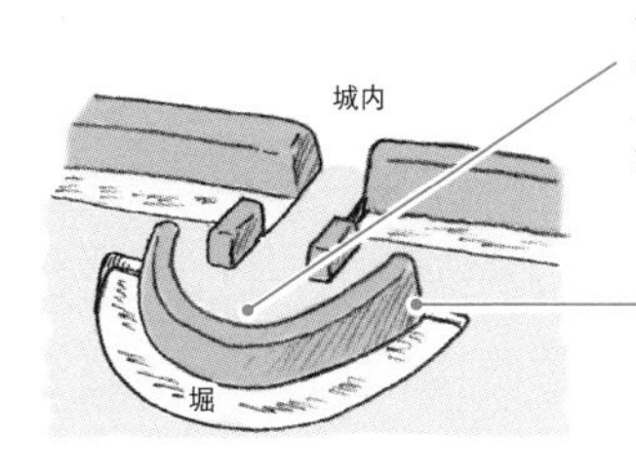

丸马出

半圆形的马出称为丸马出，见于甲州流的筑城技术中。

土垒

修筑土垒遮挡出入口处的视线，土垒内侧即是马出。

①铺在堤岸上起到保护作用的石头，或贴在墙面上形成石造外观的石头。

展现战争与和平两方面孔的天守群

大天守和乾小天守都是没有装饰的实用建筑，展现出强烈的武装守备色彩。月见橹没有狭间等设施，是一栋数寄屋风格的雅致建筑。备战与风雅共存，让人感受到从战国时代迈向太平之世的变迁。将性质截然相反的建筑巧妙地组合在一起，这也是松本城的看点。

大天守第4阶

第 4 阶被称为“御座之间”，挂有御帘，但没有敷居（门窗之下带槽的横木），也没铺榻榻米，并不是正式的房间。

外壁
天守群外壁的黑色下见板上涂有漆。直到昭和年间的维修前，板上都涂墨，后来发现漆痕，改涂漆。漆的防水性能较好，从效果上考虑也十分合理。

木连格子
松本城天守群的木连格子都保持着木头的原貌，没有涂灰泥。

与天守和月见橹相连，沿袭了大天守的风格，起到完美地连接小巧的月见橹与巨大的天守的作用。

辰巳附橹

屋顶
城郭建筑的屋顶多为入母屋造，但月见橹的屋顶为寄栋式。

月见橹

回廊、栏杆
三面附有回廊，栏杆为涂成朱红色的刎高栏③。

天守群中唯一涂满白色灰泥的墙壁，再加上红色的栏杆和茶色的舞良户，丰富的色彩与其他只有黑白两色的建筑形成鲜明对照。天守与月见橹相连，只有在松本城才能看到。

石垣
石垣最高处也只有 6 米，坡度相对较缓。加工方法为野面积。

月见橹

为将军的御成而建，内部是正式的房间。御成虽然没有实现，但粗犷的天守中加入轻巧的建筑，形成了绝妙的调和。

房间的天花板为书院和数寄屋使用的船底天井①。

房间与外部的界线处设有舞良户②，只要将其去掉，房间就会三面大开，开放性极高。

data

松本城

所在地：松本市丸之内
交通：JR 松本站步行约 15 分钟
主要遗构：大天守、乾小天守、辰巳附橹、月见橹、渡橹（以上为国宝，现存），黑门、太鼓门（以上为重建）

①中央比两端更高，仿佛倒扣的船底。②窗户的一种，窗框之间镶有绵板，表面附有名为“舞良子”的若干细木条，间隔很窄。③栏杆的一种，最上方的横木两端向上翘起。

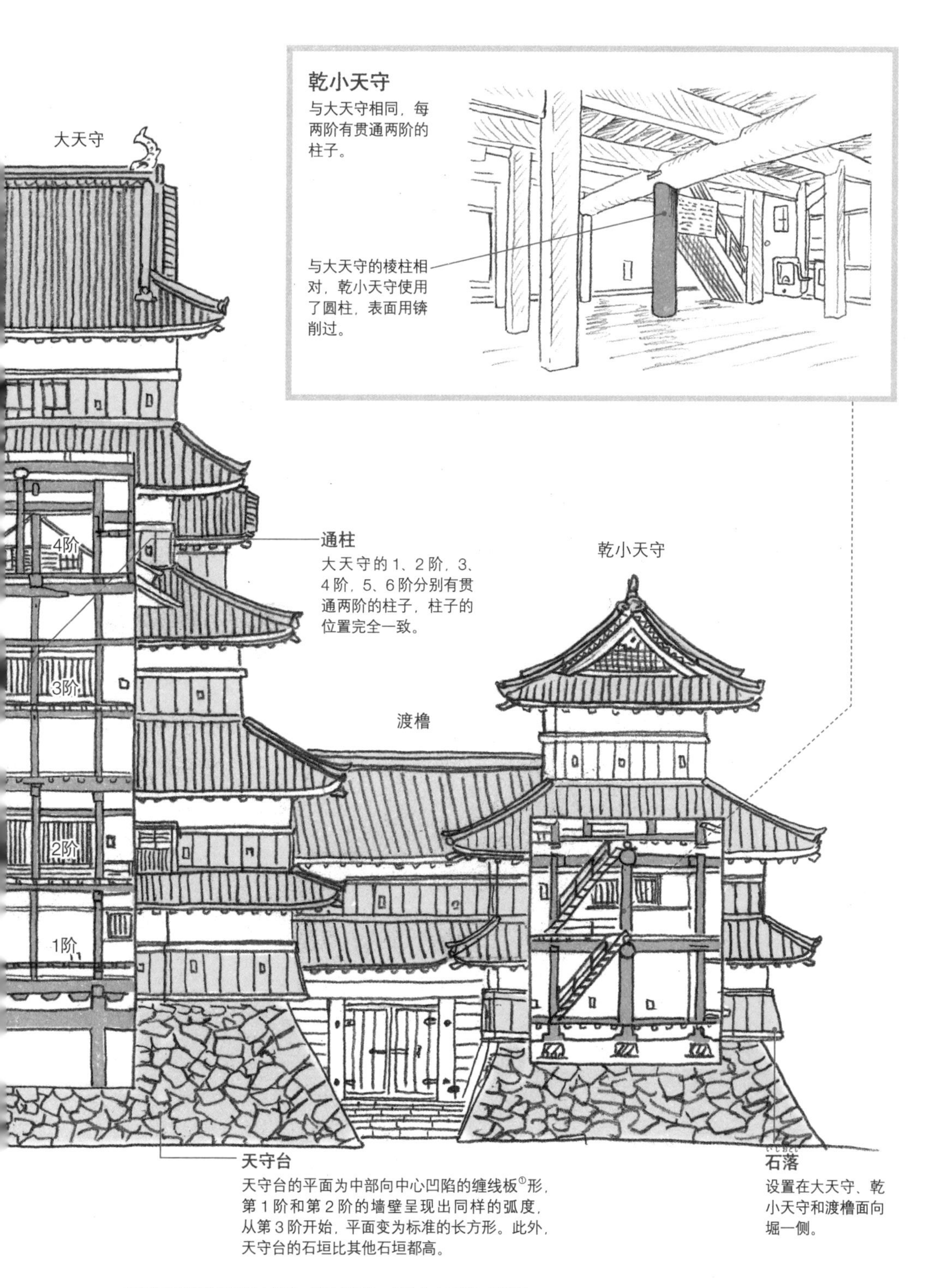

①用来缠棉线的长方形小纸板，四角为圆角，四边均小幅度向内凹陷。

国宝 · 重要文化财 · 国家特别史迹

彦根城

井伊直弼在关原之战立下战功，得到了石田三成的旧领地。彦根山西边的矶山原本是新城的候选地，但井伊直弼在战争中负伤，不治身亡，他的儿子井伊直继在重新商议后，将城建在了如今的位置。

在幕府的命令下，12 家大名参加了作事。天守从大津城移建过来，于 1606 年竣工。随后又陆续修建了三之丸石垣、二之丸佐和口多闻橹和下屋敷等建筑。当废城令让彦根城面临被拆毁的危险时，据说是明治天皇的直接裁决让它幸免于难。至于上奏请求保存的人，有说法是大限重信，也有说法是天皇的堂妹。

彦根城保留的遗构

据说彦根城中的很多建筑都移自其他的城，解体维修证明了这一点。彦根城还有很多独一无二的建筑，比如太鼓门橹和天秤橹等意趣独特的建筑，以及马厩之类日本国内罕见的遗构。现在本丸中只剩下天守，但过去曾建有城主的御殿。

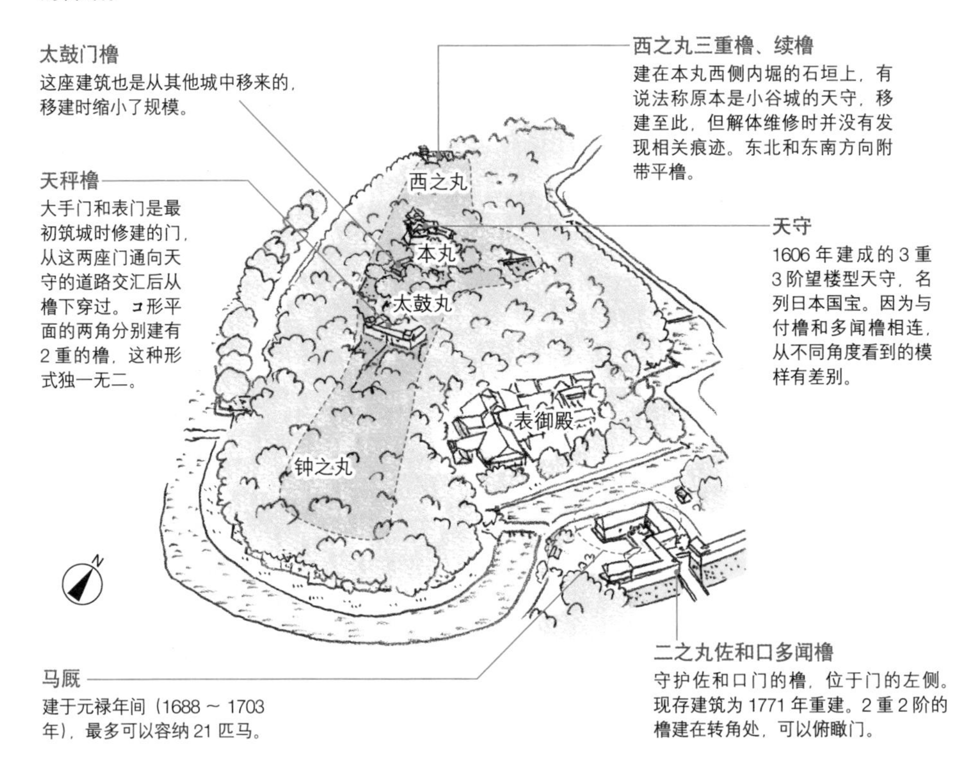

筑城年：庆长 8 年（1603 年）；形式：平山城；筑城主：井伊直继、井伊直孝

小巧而华丽的天守

天守只有 3 重 3 阶，但大量使用切妻破风、入母屋破风、千鸟破风和唐破风等，破风重叠在一起，营造出复杂而豪华的外观。破风板上的金属装饰和悬鱼等更添一分奢华。这座天守原为京极家的大津城天守，移建时从 5 重 4 阶减为 3 重 3 阶，这一点根据调查已经确定。

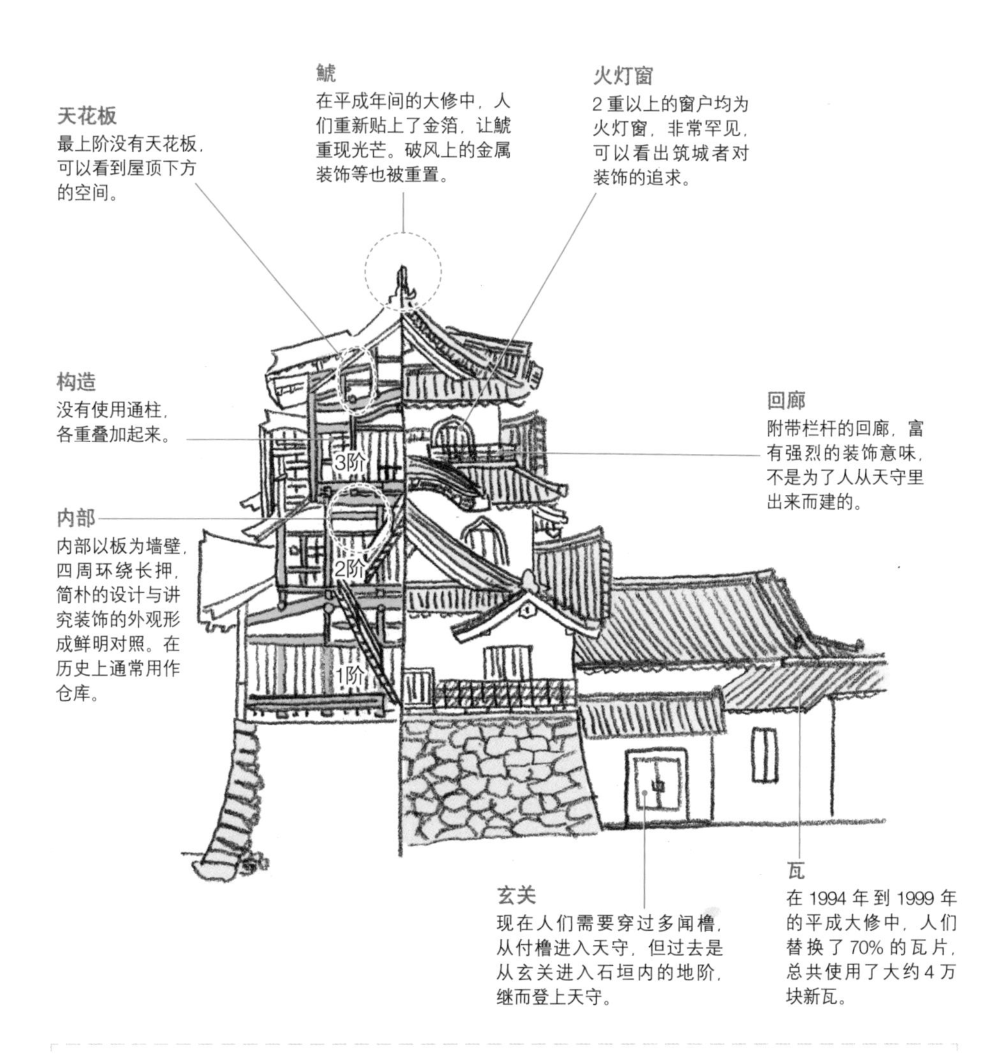

column | 建筑的移建与再利用

彦根城的天守移自大津城，人们也在太鼓门橹上找到了移建痕迹。自古以来人们也以为西之丸三重橹和佐和口多闻橹是移建来的，调查结果否定了这一说法。

当时，移建并不罕见，也不仅限于城郭。移建既能节约费用、缩短工期，又体现了人们重视著名城郭和寺社建筑的来历。比如，名古屋城清洲橹据传原为清洲城天守，福山城伏见橹移建自伏见城，等等。

样式罕见的天秤橹

天秤橹中央有道路穿过，两侧分别建有 2 重的橹。由于外形像承载货物的天秤，在江户时代便称为天秤橹。有堀切划分本丸和钟之丸，整座橹就位于该堀切的本丸一侧，从堀切矗立起来的高石垣气势逼人。闭门守城时，守军可以将通向橹门的桥毁掉，阻止敌人入侵。可以见到此橹原为长滨城大手门的历史记录，解体维修时也发现了移建的痕迹，但无法确认是否来自长滨城。

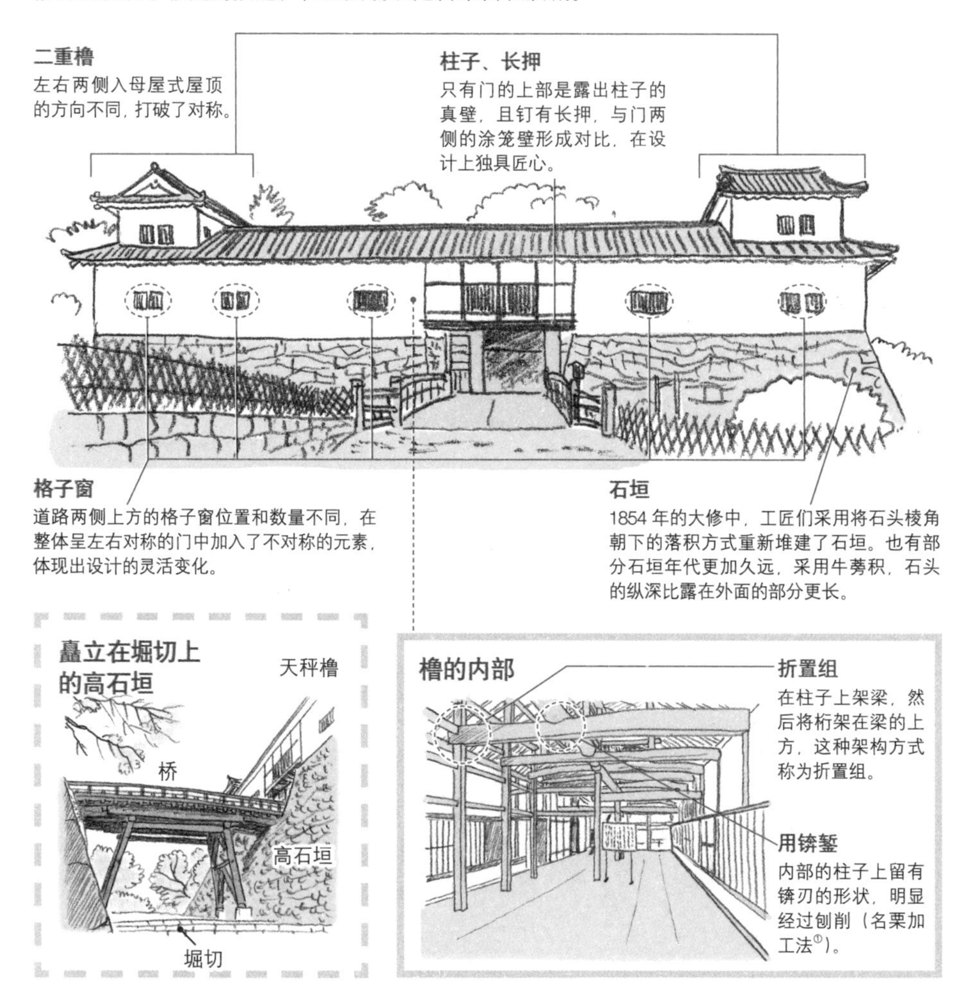

column｜石垣的修理

彦根城中也有石垣维修工程，步骤如下：1. 记录现状，给石材编号。2. 按照从石垣到埋在石垣内侧石头的顺序解体。3. 发掘调查。4. 为了减轻土压，加入大块碎石。5. 按原样重新堆建石垣。6. 种植草坪等保护石垣上方。

使用的石材基本都是现场留存的石头，如果需要补充，则选用和现存石头同样的石材，并标上补充用石的印记。这样一来，后人也能知道维修的部分与内容。

①日本传统加工技术，在建材上留下各种独特的刨削痕迹。

唯一留在城内的马厩

没有哪座城中留有规模如此之大的马厩。马厩的平面为L形，东西长约25米，南北长约31米，南端有门，东端有铺着榻榻米的小房间。马厩内分为若干隔间，每个隔间可以拴一匹马，设施十分独特。

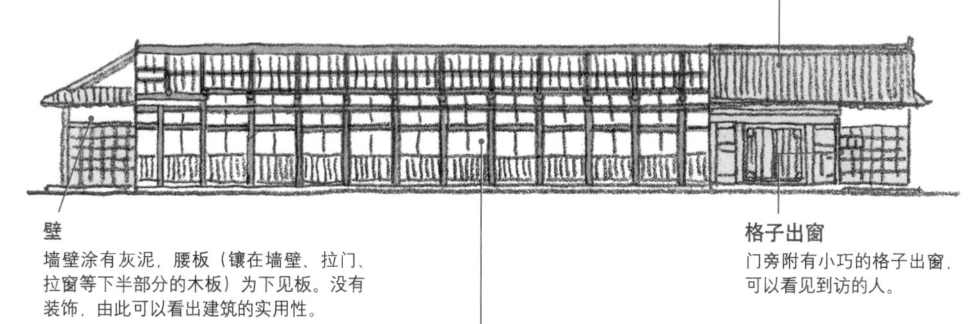

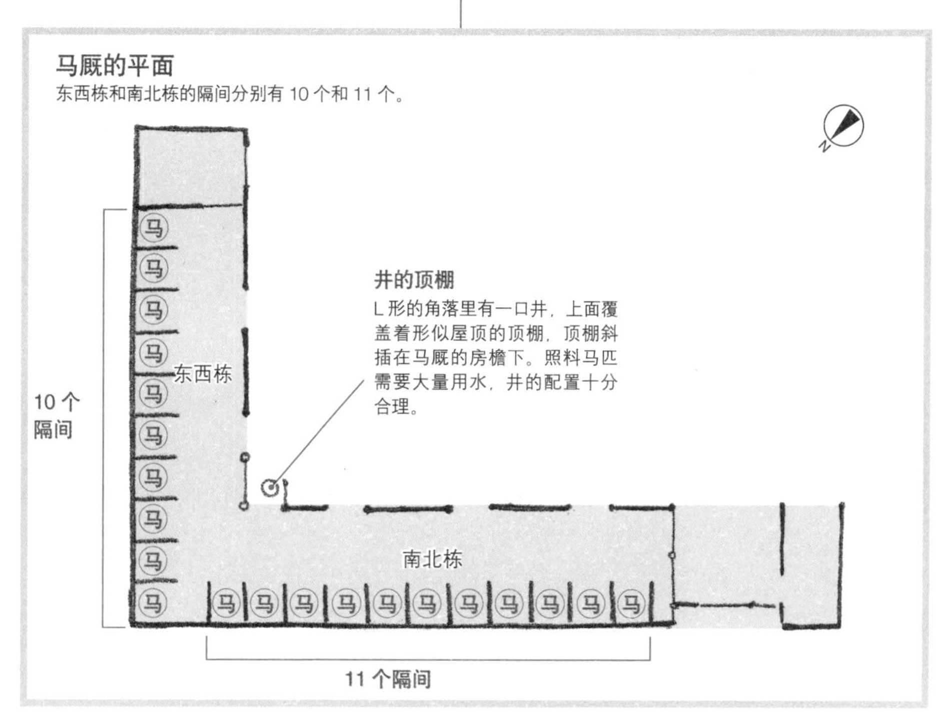

data

彦根城

所在地：彦根市金龟町
交通：JR彦根站步行约15分钟
主要遗构：天守（国宝，现存），太鼓门橹、天秤橹、西之丸三重橹、马厩（以上为重要文化财，现存），石垣、堀切、登石垣、水堀（以上为现存），表御门（重建）

古色古香的国宝天守为改建天守

国宝 犬山城

1537 年，织田信长的叔父织田信康修筑起城塞，在此基础上发展为犬山城。后来，织田信长从织田信康的儿子织田信清手里夺走犬山城，直到丰臣秀吉统治年间，这座城都由池田恒兴等人管理。现存天守的第 1 阶到第 2 阶是关原之战后的城主小笠原氏住持修建的，第 3 阶和第 4 阶由以尾张藩付家老[①]的身份入城的成濑家扩建完成。

明治废城令和 1891 年的浓尾地震毁掉了城内建筑，幸存下来的天守成了国宝。2004 年之前，这里曾是全日本唯一一座所有权属于个人的城。

俯瞰全町的天守

犬山城从北到西都是木曾川岸边的断崖，曲轮全部向南铺展。曲轮周围的内堀（现已不存在）另一侧曾建有侍町[②]。其绳张、区划考虑到了战时防卫。天守位于城的最深、最高处，可以俯瞰城下景象。城内现存的建筑只有天守，城外则留有移建的门和橹。

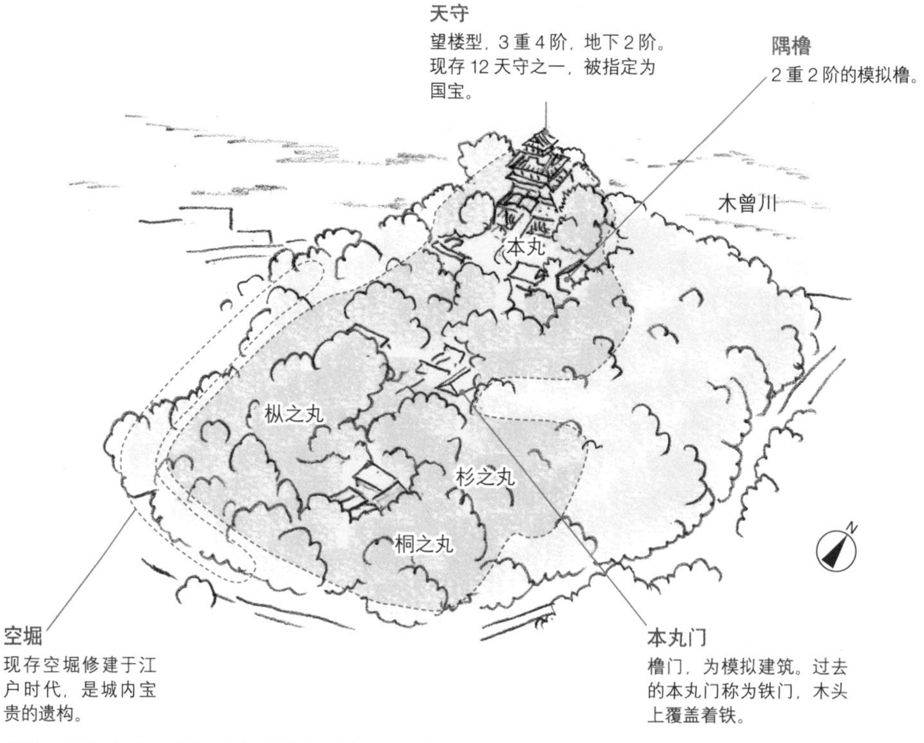

筑城年：天文 6 年（1537 年）；形式：平山城；筑城主：织田信康

①付家老：江户时代，幕府分出的新藩会由从大名本家产生的分家统治，由大名派遣去监督、辅佐的家臣就是付家老。②侍町为侍屋敷（中、下级武士的宅邸）集中地。

修建过程复杂的古风天守

犬山城的望楼型天守结构充满古风，很长时间被认为是现存最古老的天守，但 1961 年的调查和之后的研究表明，天守的第 1 阶和第 2 阶修建于 1601 年。随后的改建增加了第 3 阶和第 4 阶，1620 年又添了最上阶附带栏杆的回廊和第 3 阶的唐破风，第 1 阶和第 2 阶的栋木下移，破风的位置也发生了改变。城内其他设施直到幕末都在整修，形成了现在的模样。

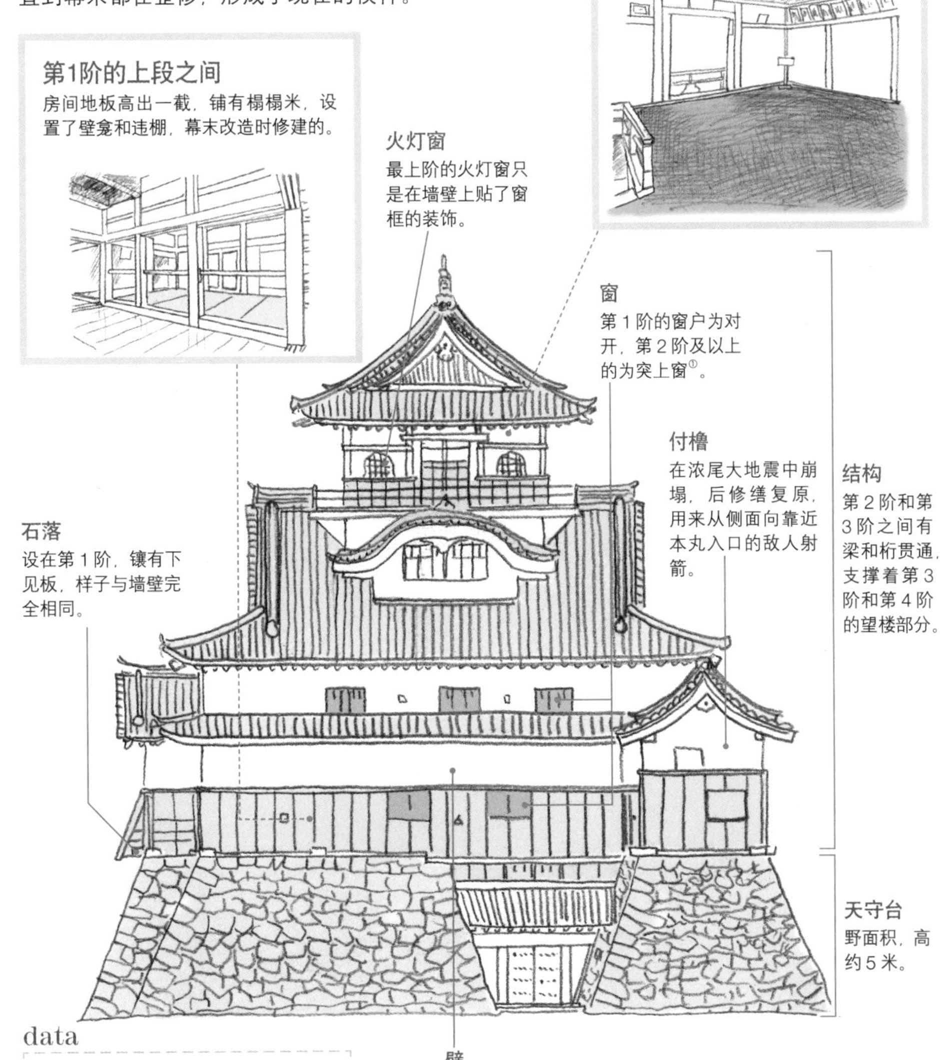

壁

每一重的外壁都不同。第 1 重的腰壁镶有下见板，上半部分为涂有灰泥的涂笼壁。第 2 重为涂灰泥的涂笼壁。第 3 重在露出柱子的真壁上钉了长押，腰壁铺有下见板。

data

犬山城

所在地：犬山市犬山北古券
交通：名铁犬山站步行约 15 分钟
主要遗构：天守（国宝，现存），石垣、堀（以上为现存），本丸黑铁门、小铳橹（以上为重建）

①设置在屋顶的天窗，支撑窗户的支棒可长可短，以调节空气与光线。

重要文化财·国家史迹

备中松山城

卧牛山山顶的备中松山城始建于镰仓时代。南北朝时代之后，经年累月的战乱让备中松山城几易城主，最终到了德川家手中。小堀远州①的改建让这座城有了近世城郭的风貌，后来的领主水谷胜宗的修筑造就了我们今天看到的备中松山城。

明治年间颁布废城令后，山上的建筑只是被弃置不管，没有遭到破坏，保存到昭和初期的天守和二重橹经过修缮，成了旧国宝。在由天守、平成年间复原的建筑，以及门、塀组成的本丸中，② 人们可以充分体验山城的空间。

具有近世特征的山城

在山上设置本丸，沿着山脊筑起小巧的曲轮，这是中世以来山城特有的防御方法。备中松山城的曲轮以石垣为界，重要位置配有橹，体现了近世特征。这座城以极高的防御力傲视四方，但其地形不适合处理政务。领主居住在山麓的御殿（御根小屋），处理政务。

筑城年：庆长 10 年（1605 年）、天和 3 年（1683 年）；形式：山城；筑城主：小堀正次、小堀政一（远州）、水谷胜宗

①名为政一，茶人，知名庭园设计者，多次承担幕府工作也让他声名在外。②六之平橹、本丸南御门等共 6 栋建筑于 1997 年复原，本丸恢复到原来的模样。③羽目板是一种木制护墙板，有横、竖之分，每一块宽度较窄。

恢复景观的本丸

除了图中的天守，两座二重橹、三之平橹东土塀都是江户时代的遗构。这些建筑经历了二战前和二战后的两次维修，恢复了过去的模样。

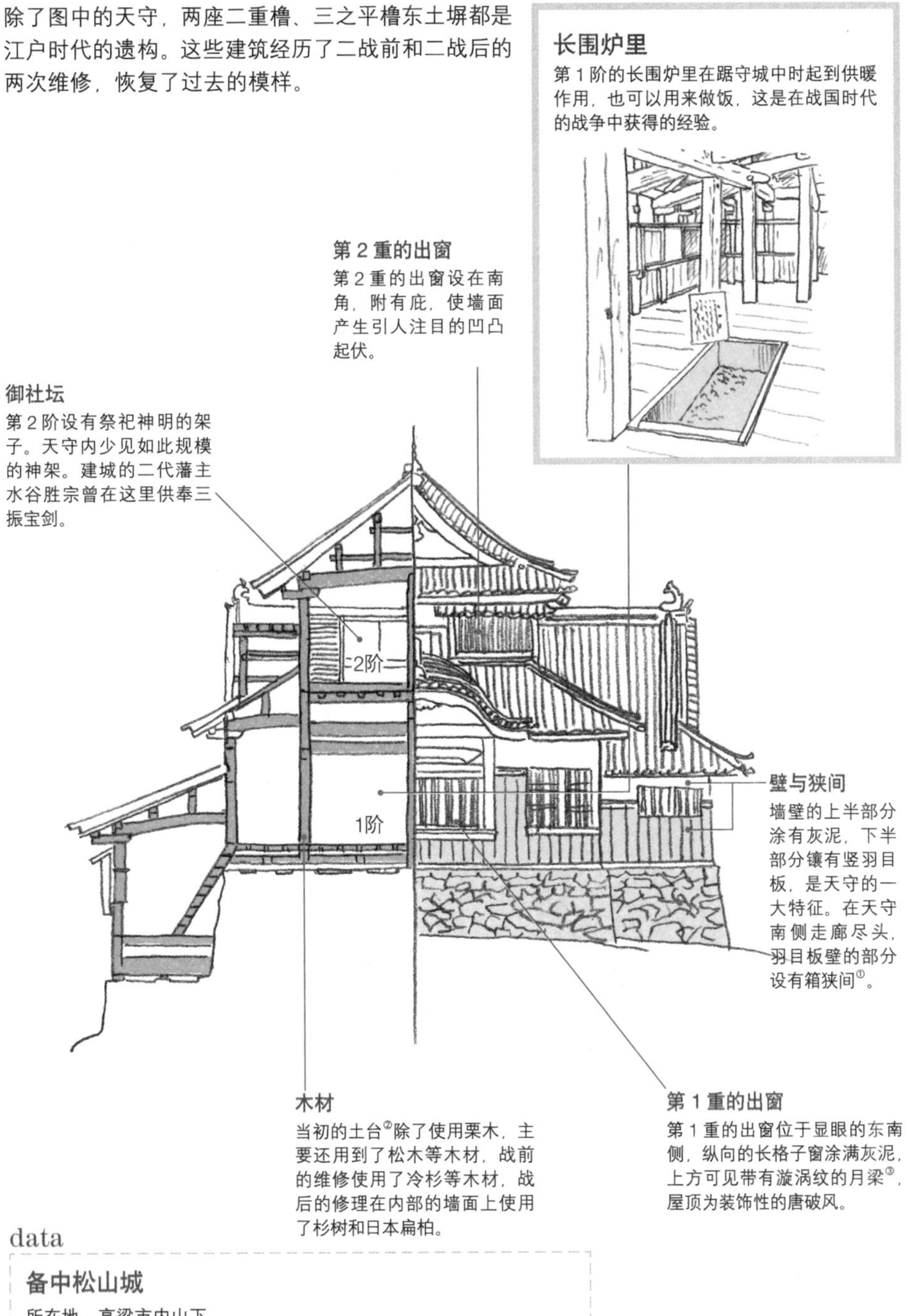

data

备中松山城

所在地：高梁市内山下

交通：JR 备中高梁站换乘出租车约 10 分钟，再步行约 20 分钟

主要遗构：天守、二重橹、土塀（以上为重要文化财，现存），石垣、池（以上为现存），五之平橹、六之平橹、本丸南御门、路地门、本丸东御门、腕木御门（以上为重建）

①前文的铁炮狭间、矢狭间等是按用途为狭间命名，这里的箱狭间则是按照形状，大概是方形。②位于木建筑最下部的横向建材，用来支撑上部的重量。③寺社建筑中略带弧度的装饰性梁。

重要文化财·国家史迹　松山城

关原之战后，加藤嘉明修建城郭作为领国的中心，命名为松山，城中天守为5重5阶的连立式天守，华丽壮观。1784年，包括改建成3重的大天守在内，天守群在雷击中烧毁，直到1820年才重建。

松山城的主要建筑一直保存到明治年间，但1933年的人为纵火烧毁了小天守等建筑，乾门等也毁于战争。1968年，以小天守的重建作为开端，松山城几乎所有建筑都采取了木造复原。这些建筑和山麓的二之丸大井是松山城的看点。

坚固之城的复杂道路

前往天守的途中，石垣包夹的道路蜿蜒曲折，需要经过多道门和橹。加上有登石垣和高石垣，让人切身感受到防御的坚固。山麓的二之丸与山上的天守搭配在一起，清晰地展现出江户时代的城郭风貌。

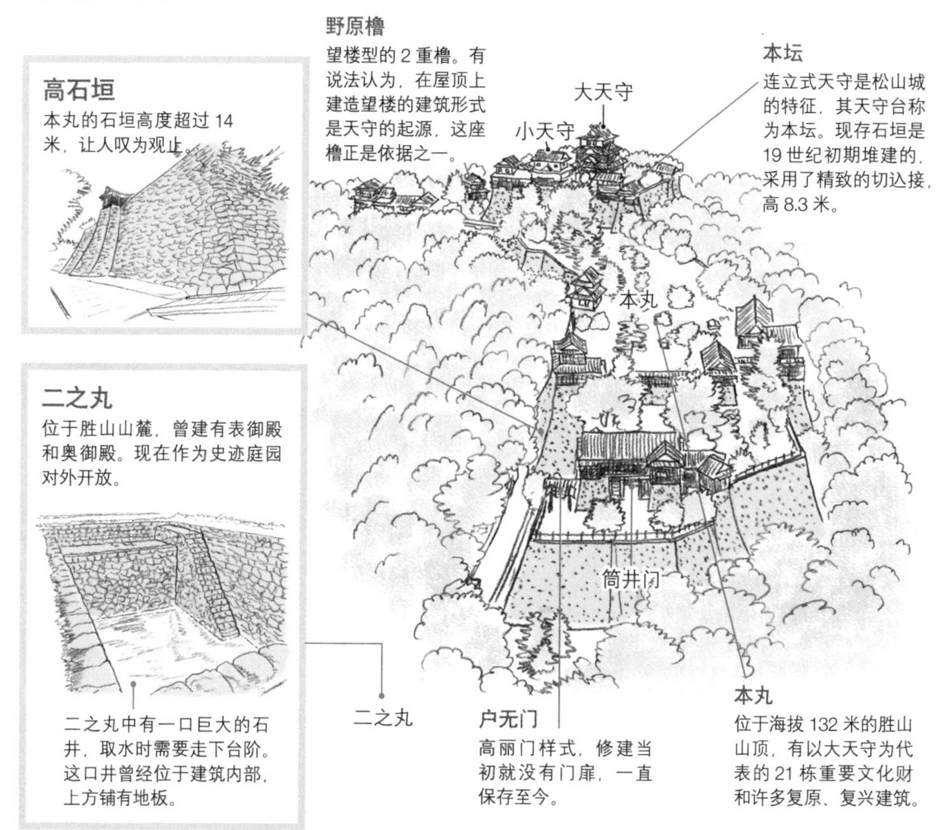

筑城年：庆长7年（1602年）；形式：平山城；筑城主：加藤嘉明

天守群的中心：大天守

3 重的层塔型大天守是 19 世纪重建的，但风格复古，刻意模仿了桃山时代初创期的天守。大天守、小天守、南隅橹和北隅橹由渡橹连接起来，形成连立式，天守群的入口处是规格极高的玄关。

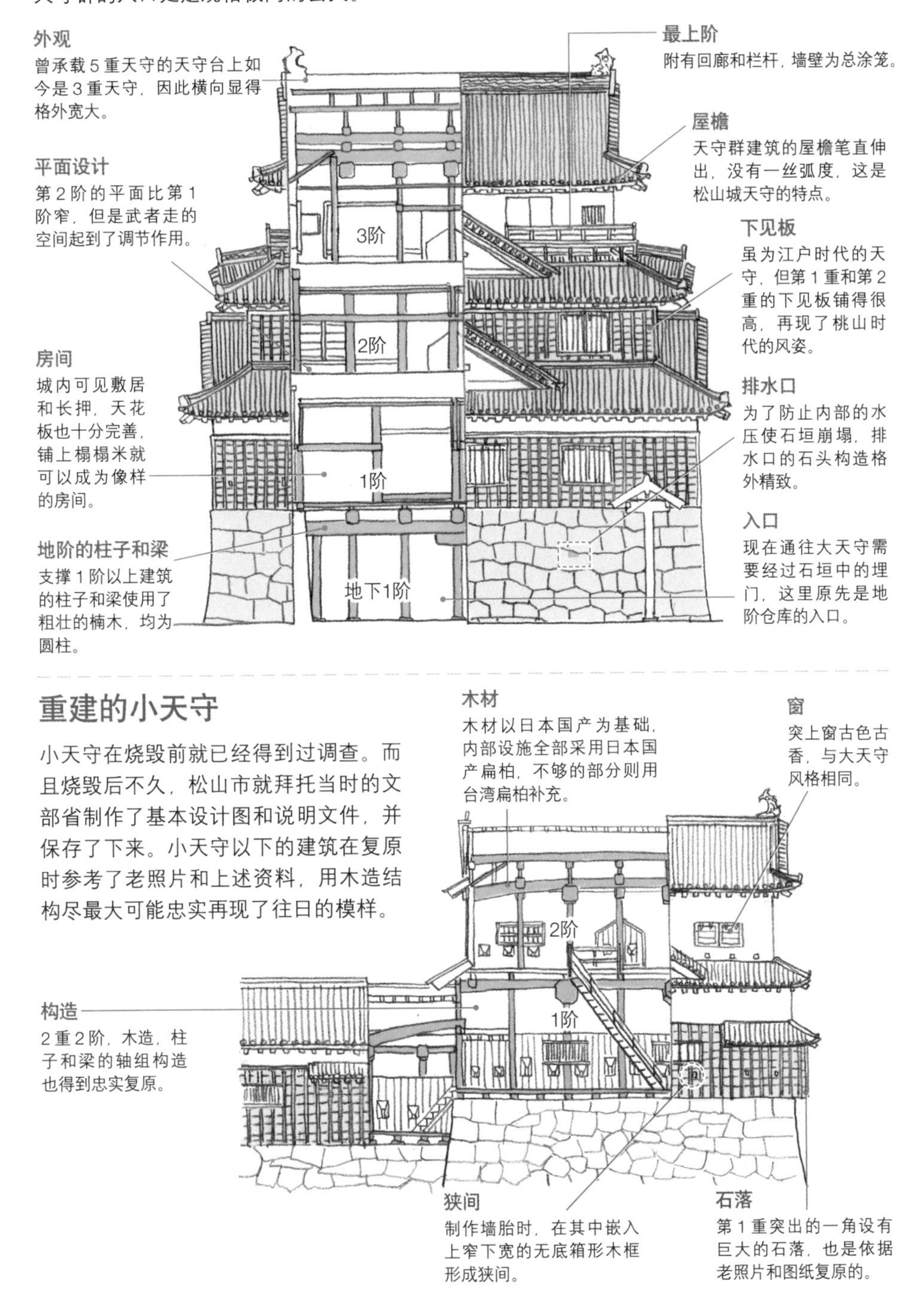

重建的小天守

小天守在烧毁前就已经得到过调查。而且烧毁后不久，松山市就拜托当时的文部省制作了基本设计图和说明文件，并保存了下来。小天守以下的建筑在复原时参考了老照片和上述资料，用木造结构尽最大可能忠实再现了往日的模样。

现存遗构与重建建筑共存

松山城拥有 21 栋被指定为重要文化财的现存建筑，以及 30 余栋复原、复兴建筑。除了马具橹，所有建筑都为木造，并经历了长时间的整修。人们可以在现存与复兴建筑共存的城中感受松山城的原貌。

筒井门（复原）

建在通向本丸的大手筋上的橹门，位置格外重要。伸向东西两个方向的橹设有石落，防御性能极佳。二战前曾被指定为旧国宝，但 1949 年毁于人为纵火，1971 年木造复原。

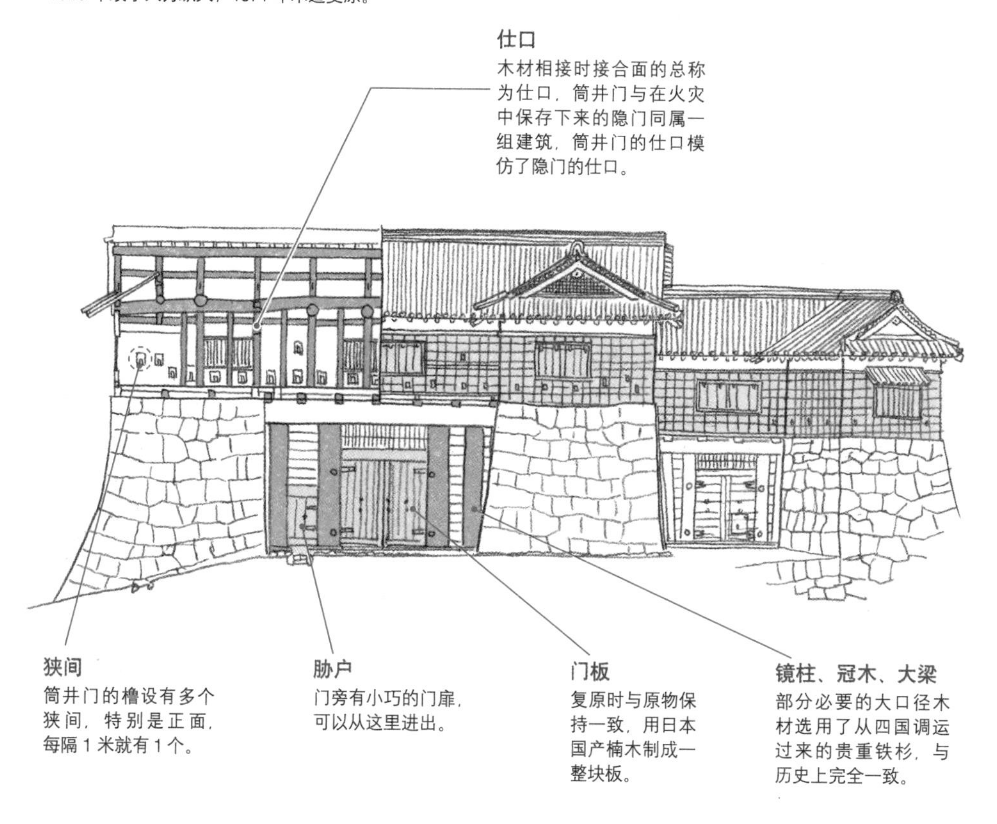

data

松山城

所在地：松山市丸之内

交通：伊予铁道大手道步行约 5 分钟，转乘城山空中缆车约 2 分钟，从山顶站至天守步行约 10 分钟

主要遗构：天守、三之门南橹、三之门、隐门、户无门等（以上为重要文化财，现存），石垣（现存），小天守、南隅橹、北隅橹、筒井门、太鼓门（以上为重建）

隐门(现存)

隐门就像隐藏在筒井门内，是为突袭靠近筒井门的敌人而建，整体很不显眼，防御性能优越。与隐门相连的续橹和石垣共同形成菱形平面，其梁的架构和朝向石垣外部的缓坡都保留了建造当时的古风。

格子

门扉上部为粗壮的格子。

柱子、梁

也许是因为位于狭窄的石垣间，粗壮的柱子与梁格外明显。

潜户

隐门很小，没有胁户，门扉上设有潜户。

埋门

建在石垣间的门称为埋门。

野原橹(现存)

加藤嘉明筑城时建造，是城内最古老的建筑。构造和设计上都具有古典特征。

望楼

由第 1 阶的大梁支撑，被认为是天守建筑的最初模样。

椽子（内部）

内部天花板的一部分是化妆屋根里天井[①]，粗壮的椽子大气豪迈。

构造

内部的柱子、梁等构造都暴露在外。

太鼓壁

为了对抗炮击，墙壁中填满了小石头和瓦片，形成了厚重的太鼓壁。

玄关(复原)

玄关朝向连立式天守合围圈的内侧，与御殿的式台[②]和玄关风格一致。如今人们通过地阶进入天守，但过去玄关才是正式入口。

唐破风

玄关的屋顶整体为唐破风，规格较高。

高度差

玄关入口和橹的地板之间有 1.7 米的高度差，设有台阶。

筬栏间

玄关正面梁上的楣窗[③]称为筬栏间，是书院造等场合常用的高规格设计。

①裸露式天花板。②为了解决室内地面过高的问题而设置在玄关的板，高度高于玄关地面、低于室内地面，起到台阶的作用。③楣窗即拉门上部的格窗或镂空雕花板。

城用语解说(三)

城的“攻击、防御”相关用语

【忍返】

为了防范入侵者，在塀或石垣上设置的尖锐铁棍或木棍。名古屋城中的塀上可见长约30厘米的枪头，被称为剑塀。

熊本城大天守忍返(见第86页)

【武者走、雁木】

武者走是指土垒或石垣上方平坦的部分，如果是塀，则是指城内侧的平坦通道。如字面所见，武者走是武士在迎击敌人时移动、架设武器的地方。即使从城内看去，武者走的位置也相对较高，登上武者走的台阶称为雁木。

column | 筑城名家藤堂高虎（1556 ~ 1630 年）

藤堂高虎是凭借自身文才武略当上大名的武将，也是绳张和石垣普请的名家，获得了丰臣秀吉、德川家康等统治者的信任，在天下普请中负责绳张。在他修建的城中，曲轮和道路多为直线，实用、高效是其绳张的特征。另一点让他声名在外的，就是石垣普请。

藤堂高虎修建的石垣几乎没有弧度，高大威严，通常与宽阔的水堀搭配在一起。在他居住的伊贺上野城，高达30米的石垣矗立在水堀之上，姿态优美而坚固。他一生修筑、改建多座城郭，是和加藤清正齐名的筑城名家，流芳百世。

藤堂高虎的石垣

与加藤清正活用弧形石垣不同，藤堂高虎将石垣沿直线高高堆积。

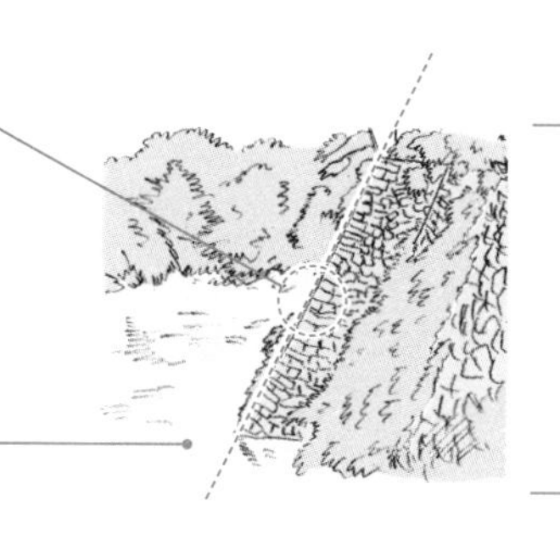

第3章 复原的城

重要文化财·国家特别史迹

名古屋城

名古屋城是德川家康的第九个儿子德川义直居住的城郭，为了抑制大阪丰臣氏的势力，通过天下普请[①]修筑的。天下普请可以消耗诸大名的财力，这也是德川氏的目的之一。建成后的名古屋城取代清洲城（见第136页）成了尾张的中心，在城下町繁荣的同时，“尾张名古屋因城而荣[②]”的说法也广为天下人所知。

明治时代以来，名古屋城的主要建筑得以保存，但太平洋战争中的空袭烧毁了天守和本丸御殿。战后，在多方资助下，人们用钢筋混凝土复原了屋顶矗立着金鯱的天守外观。

旧貌复现

名古屋城经受过战火，但三重橹样式的西北隅橹等3栋橹和3座门一直保存至今。天守、御殿和大手门陆续复原，再现了光辉灿烂的城郭旧貌。人们还修复了切込接石垣在空袭中损毁的部分，让我们可以了解当时的精湛技术。

小天守
与大天守同时完成外观复原，是进入大天守的防御要塞，2重3阶。

本丸御殿
在战争中烧毁，复原工程始于2009年。

西南隅橹(未申橹)
建于1612年前后，与东南隅橹同为建在本丸的2重3阶橹。1891年和石垣同时毁于浓尾地震，后来复原。

表二之门
位于本丸与西丸之间，横跨大手筋。是控柱有顶的高丽门样式，门的柱子和冠木都较为粗壮，表面覆盖铁板。整座门与毁于战争的表一之门形成枡形。

筑城年：庆长15年（1610年）；形式：平城；筑城主：德川家康

①除了筑城，还进行了道路整修、填海造陆和治水等工程。②来自《伊势音头》的歌词“伊势因港口而荣，港口因伊势而荣，尾张名古屋因城而荣”，意为“尾张的名古屋因为筑起新城而繁荣起来”。

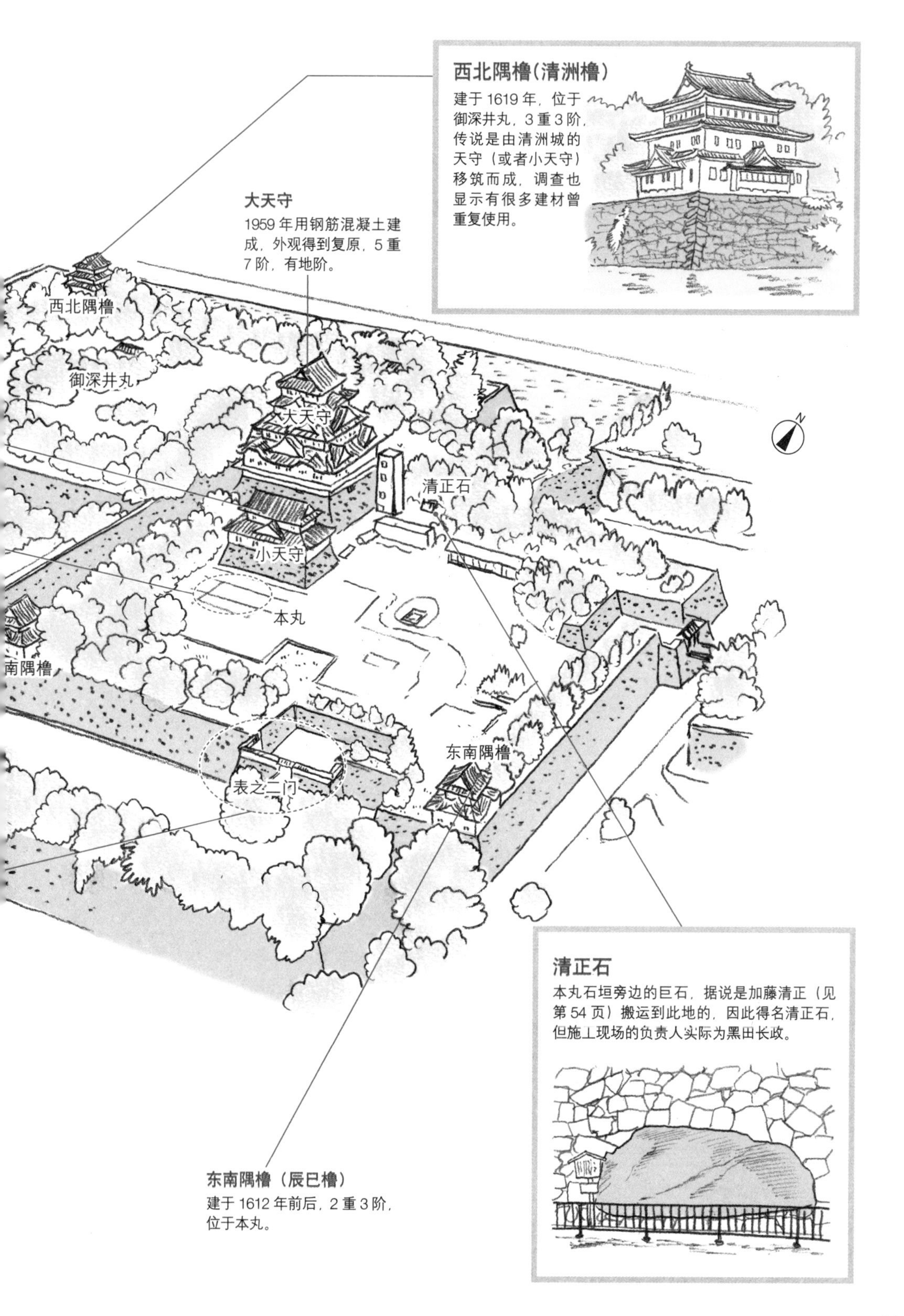
西北隅橹（清洲橹）
建于1619年，位于御深井丸，3重3阶，传说是由清洲城的天守（或者小天守）移筑而成，调查也显示有很多建材曾重复使用。
大天守
1959年用钢筋混凝土建成，外观得到复原，5重7阶，有地阶。
西北隅橹
御深井丸
大天守
清正石
小天守
本丸
南隅橹
东南隅橹
表之二门
清正石
本丸石垣旁边的巨石，据说是加藤清正（见第54页）搬运到此地的，因此得名清正石，但施工现场的负责人实际为黑田长政。
东南隅橹（辰巳橹）
建于1612年前后，2重3阶，位于本丸。

内部现代化的重生天守

通过天下普请建造的名古屋城天守为连结式天守，由层塔型（见第10页）的5重大天守和2重小天守相连组成，屋顶的瓦片和破风上使用了铜，正脊上矗立着金鯱，威风凛凛。这座天守原先内部为5阶，每阶的天花板高度都不同，重建后成为展示城郭历史的现代化展厅，变为7阶，每阶高度相同。在外观上，重建天守保持了原貌。

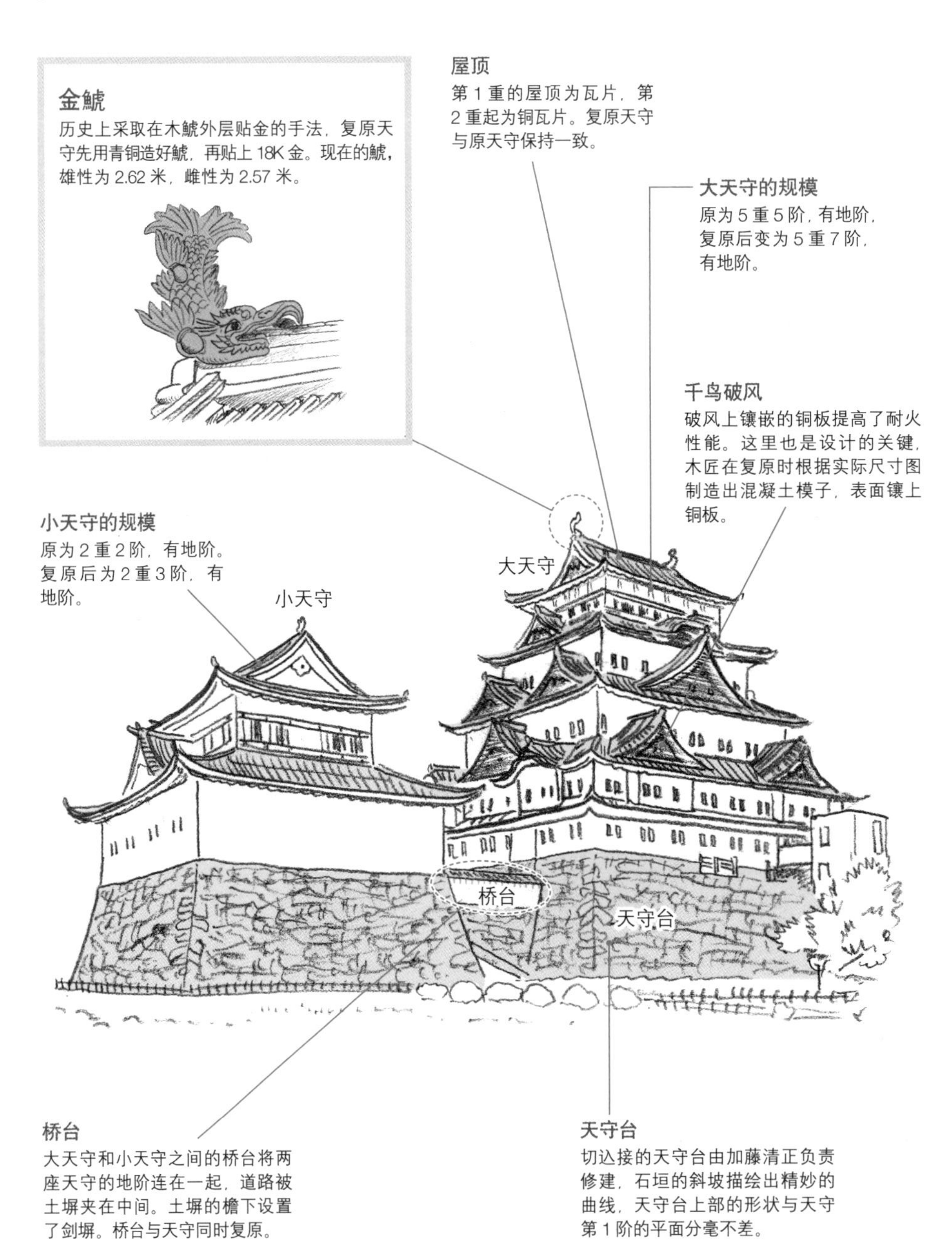

本丸御殿的复原

消失在战火中的本丸御殿由玄关、表书院、上洛殿、黑木书院等建筑组成，各部分由走廊相连，各种隔扇画和日常用品都集中在这座一流的建筑中，堪称杰作。2009 年，人们开始着手复原御殿，复原后的建筑按顺序对外开放。

表书院内部

折上格天井

天花板向上高出一截，表现出极高的规格。

隔扇画

装饰在御殿房间内的隔扇画是桃山美术的杰作，尽管躲过战火保存了下来，但复原的御殿仍用复制品再现室内氛围。

日本扁柏树皮屋顶

不同于天守使用瓦片和铜瓦，御殿使用了日本扁柏树皮，这是御殿建筑的标准用料。

对面所

藩主和关系亲近的人举行宴会等活动的地方。

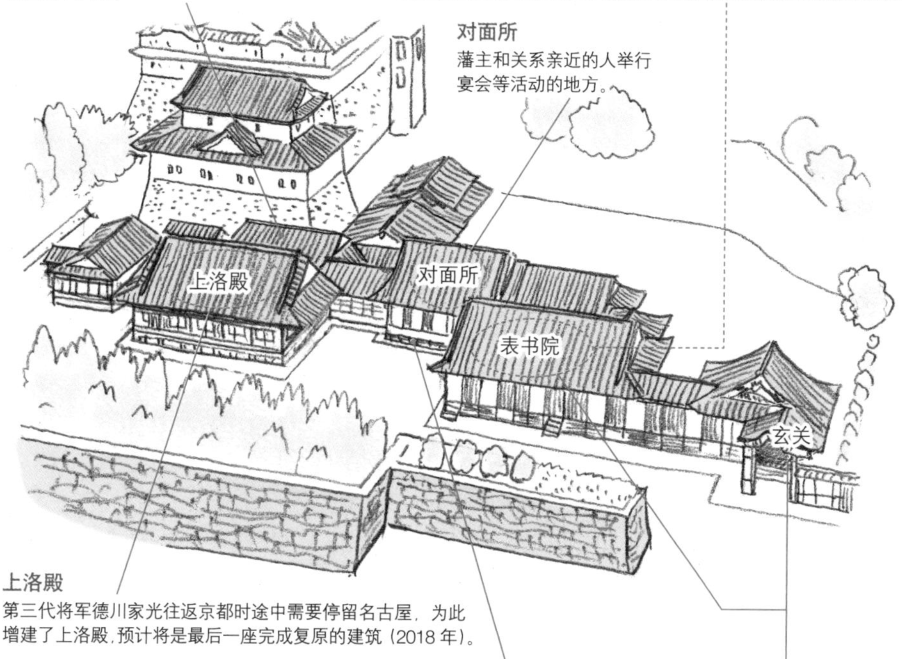

上洛殿

第三代将军德川家光往返京都时途中需要停留名古屋，为此增建了上洛殿，预计将是最后一座完成复原的建筑（2018 年）。

地基

在地基等必须符合建筑基准法的部分，人们采用了螺栓等现代技法。

玄关、表书院

玄关是御殿的入口，表书院是接受家臣拜谒的地方，两者都已经于 2013 年复原并对外开放。

data

名古屋城

所在地：名古屋市中区本丸
交通：地下铁市役所站步行约 5 分钟
主要遗构：清洲橹、本丸西南隅橹、本丸表二之门、二之丸大手二之门、旧二之丸东二之门（以上为重要文化财，现存），天守、小天守、本丸不明门、正门（以上为重建）

重要文化财·国家特别史迹

熊本城

熊本城由筑城名家加藤清正修建，1606 年完工。天守为连结式望楼型（见第 10 页），1600 年前后建成。代替加藤氏成为城主的细川氏对城郭进行了修复与扩建，鼎盛时期共有 49 座橹[①]、18 座橹门和 29 座城门。

在 1877 年的西南战争中，熊本城经受住了西乡隆盛部队的围攻，展现出不破之城的坚固防御。天守等建筑在这场战争发生前不久毁于火灾[②]。二战结束后，从天守和本丸御殿等建筑的重建开始，熊本城的重建工作一直持续至今。

石垣与现存、重建建筑共同营造的优美景观

说到塑造熊本城景观的要素，首先就是“清正流”的石垣。宇土橹等现存建筑、威严再现的复原天守，以及采用木造复原的橹和门都矗立其间，这些清正曾亲眼目睹的景观都已复苏。

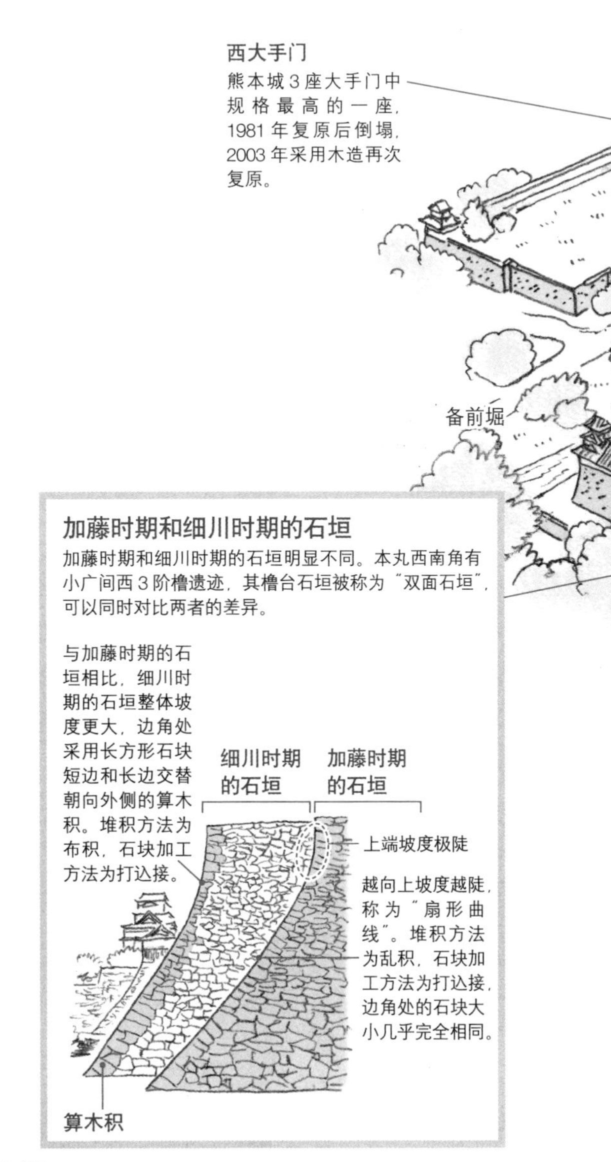

筑城年：天正 16 年（1588 年）；形式：平山城；筑城主：加藤清正

① 49 座橹中有 6 座 5 阶橹。5 阶橹为 3 重 5 阶的 3 重橹，包括宇土橹、御里 5 阶橹、数寄屋丸 5 阶橹、饭田丸 5 阶橹、西竹之丸胁 5 阶橹。熊本城的 5 阶橹规模堪比其他城郭的天守。②关于烧毁天守的火灾，有厨房失火、人为纵火等各种说法，真相至今不明。

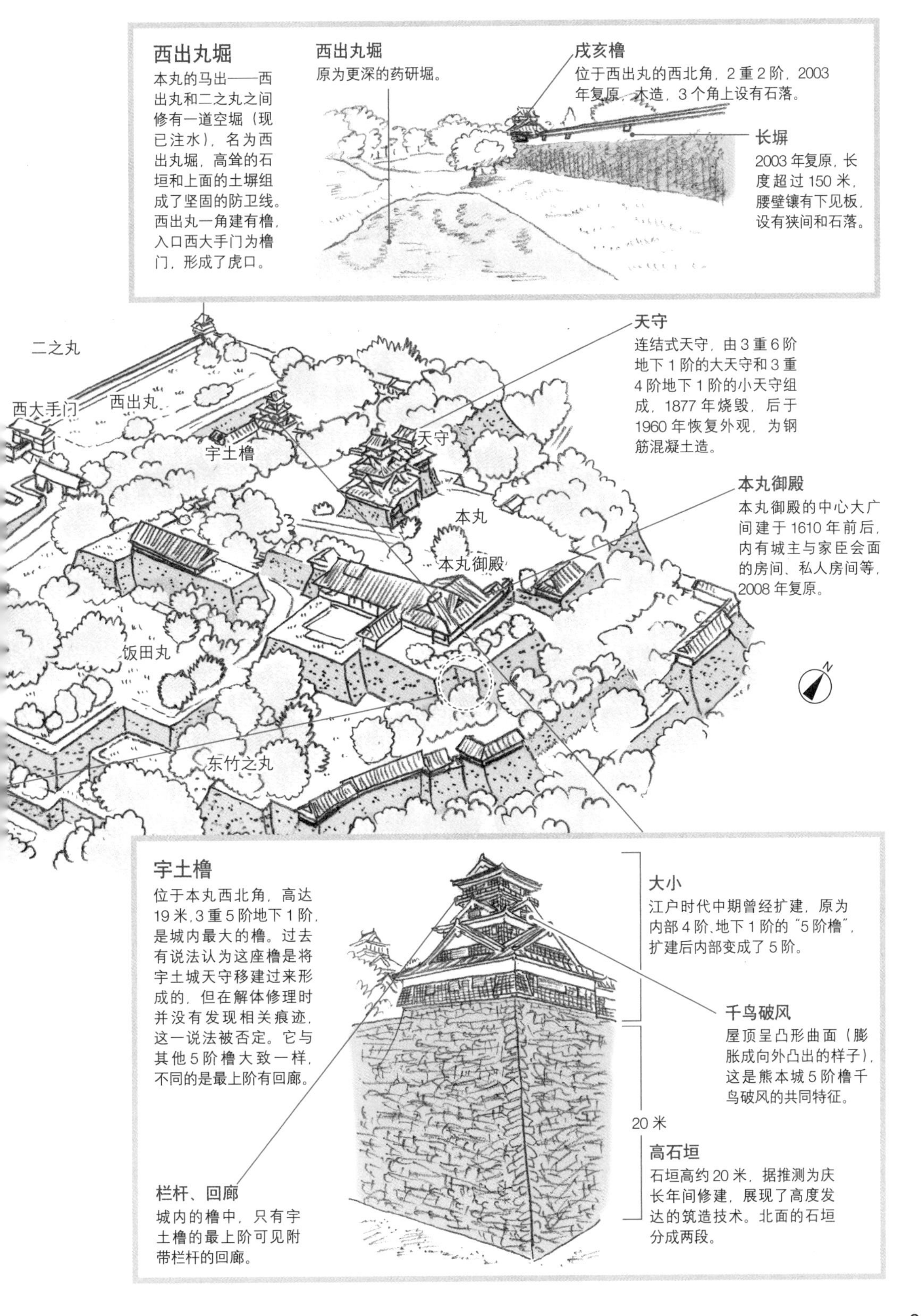
西出丸堀
本丸的马出——西出丸和二之丸之间修有一道空堀（现已注水），名为西出丸堀，高耸的石垣和上面的土塀组成了坚固的防卫线。西出丸一角建有橹，入口西大手门为橹门，形成了虎口。
西出丸堀
原为更深的药研堀。
戌亥橹
位于西出丸的西北角，2 重 2 阶，2003 年复原，木造，3 个角上设有石落。
长塀
2003 年复原，长度超过 150 米，腰壁镶有下见板，设有狭间和石落。
二之丸
西大手门
西出丸
宇土橹
天守
连结式天守，由 3 重 6 阶地下 1 阶的大天守和 3 重 4 阶地下 1 阶的小天守组成，1877 年烧毁，后于 1960 年恢复外观，为钢筋混凝土造。
天守
本丸
本丸御殿
本丸御殿的中心大广间建于 1610 年前后，内有城主与家臣会面的房间、私人房间等，2008 年复原。
本丸御殿
饭田丸
东竹之丸
N
宇土橹
位于本丸西北角，高达 19 米，3 重 5 阶地下 1 阶，是城内最大的橹。过去有说法认为这座橹是将宇土城天守移建过来形成的，但在解体修理时并没有发现相关痕迹，这一说法被否定。它与其他 5 阶橹大致一样，不同的是最上阶有回廊。
大小
江户时代中期曾经扩建，原为内部 4 阶、地下 1 阶的“5 阶橹”，扩建后内部变成了 5 阶。
千鸟破风
屋顶呈凸形曲面（膨胀成向外凸出的样子），这是熊本城 5 阶橹千鸟破风的共同特征。
20 米
高石垣
石垣高约 20 米，据推测为庆长年间修建，展现了高度发达的筑造技术。北面的石垣分成两段。
栏杆、回廊
城内的橹中，只有宇土橹的最上阶可见附带栏杆的回廊。

设有房间的天守

望楼型的大天守和小天守（内部为展览设施）是根据烧毁前的老照片复原的。两座天守内部都曾设置房间，供城主和家臣等人会面时使用，这是与江户时代的天守截然不同的特征。此外，当时本丸内还建有御里 5 阶橹、本丸东 3 阶橹、月见橹和小广间西 3 阶橹，呈现出天守被橹包围的格局。

本丸御殿的复原

本丸御殿由多座建筑构成，总叠数为 1570 叠，房间多达 53 间。2008 年，人们选择木造方式复原了大广间、大御台所和数寄屋，并再现了部分房间的隔扇画。此外，这座御殿独特的暗道也得到重建，可以体验从暗道进入御殿的感觉。

暗道

熊本城的本丸分为南北两部分，本丸御殿就横跨在这两部分的分界线上，因此修建了地下通道。通道是通往御殿的正式入口，这一设计堪称独一无二。复原的御殿也再现了这条通道。

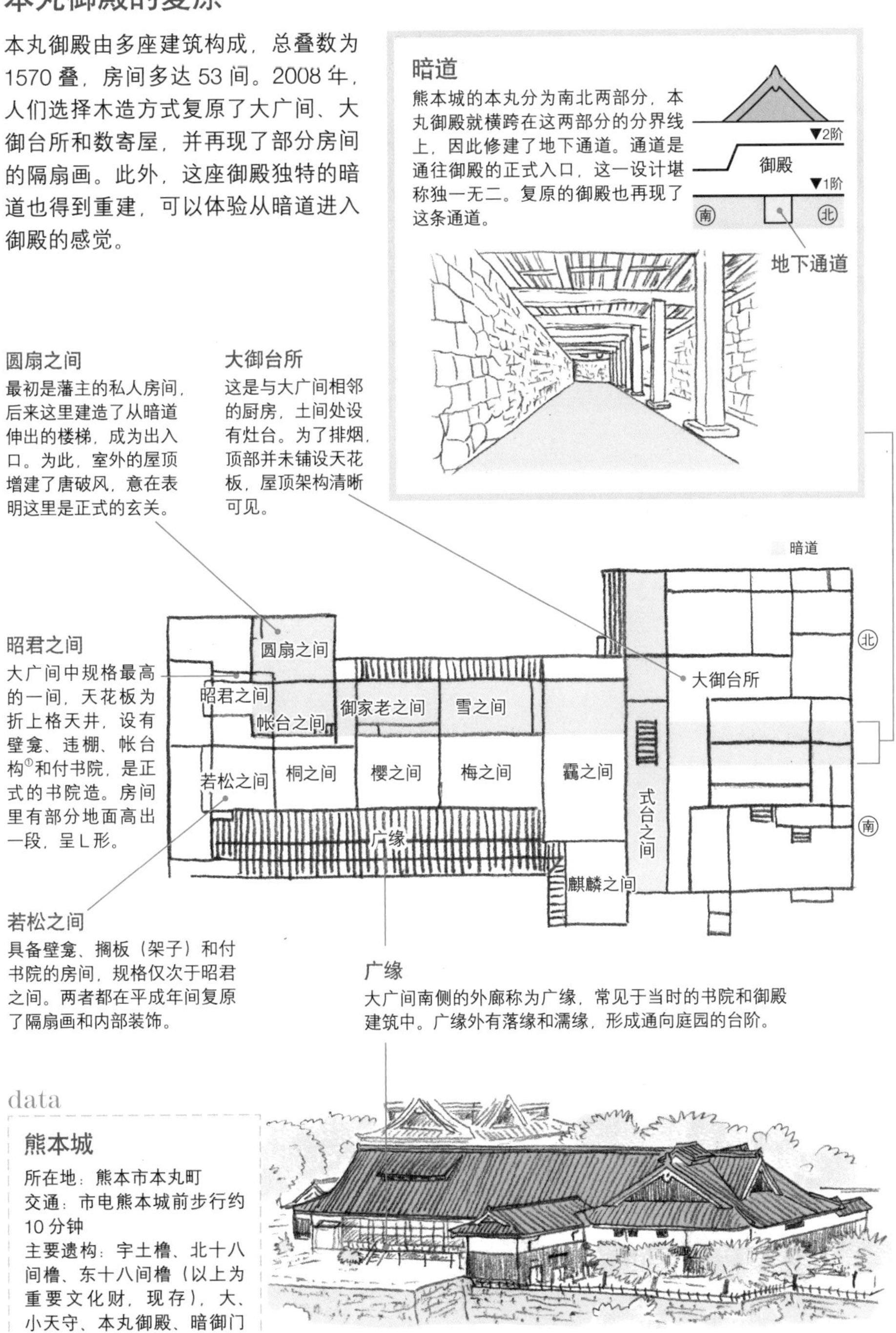

圆扇之间

最初是藩主的私人房间，后来这里建造了从暗道伸出的楼梯，成为出入口。为此，室外的屋顶增建了唐破风，意在表明这里是正式的玄关。

大御台所

这是与大广间相邻的厨房，土间处设有灶台。为了排烟，顶部并未铺设天花板，屋顶架构清晰可见。

昭君之间

大广间中规格最高的一间，天花板为折上格天井，设有壁龛、违棚、帐台构①和付书院，是正式的书院造。房间里有部分地面高出一段，呈 L 形。

若松之间

具备壁龛、搁板（架子）和付书院的房间，规格仅次于昭君之间。两者都在平成年间复原了隔扇画和内部装饰。

广缘

大广间南侧的外廊称为广缘，常见于当时的书院和御殿建筑中。广缘外有落缘和濡缘，形成通向庭园的台阶。

data

熊本城

所在地：熊本市本丸町
交通：市电熊本城前步行约 10 分钟
主要遗构：宇土橹、北十八间橹、东十八间橹（以上为重要文化财，现存）、大、小天守、本丸御殿、暗御门（以上为重建）

MEMO：近年来，除了大小天守，熊本城还复原了本丸御殿和饭田丸 5 阶橹等建筑，并制定了今后的复原整修计划。工程从石垣的调查与修复开始，先修建混凝土地基，再修筑木造建筑，最后是屋顶的施工全部完成。从持续复原这一点来看，熊本城也是一座值得关注的城。

①书院造中有部分地面高出一段，这部分空间侧面的装饰性隔扇即帐台构，隔扇框架的下边缘比榻榻米高出一截。

白石城

白石城始于11世纪刈田氏（后来的白石氏）修筑的城塞，这一家族后来成为伊达家的家臣，并担任城主。到了安土桃山时代，城主蒲生氏和甘糟氏将城塞改建为石垣之城。关原之战后，白石再次归属伊达领下，并成为仙台藩南部边境上的要塞，伊达的重臣片仓景纲入主此地，直到江户幕府末期。戊辰战争中，东北诸藩的代表聚集在白石城，为建立奥羽越列藩同盟打下了基础。明治时代废城后，天守（大橹）、大手门等于1997年复原。

坚固的大手门虎口

如今的城址名为益冈公园，里面没有任何当年的建筑，只剩下几座已经移到城外的门。往日的城以本丸和二之丸为中心，是一座拥有几重外郭的坚固之城。在建有城门的虎口（出入口）中，大手门附近的道路宽窄多变，拐弯处几乎呈直角，尤其体现出设计者的匠心。

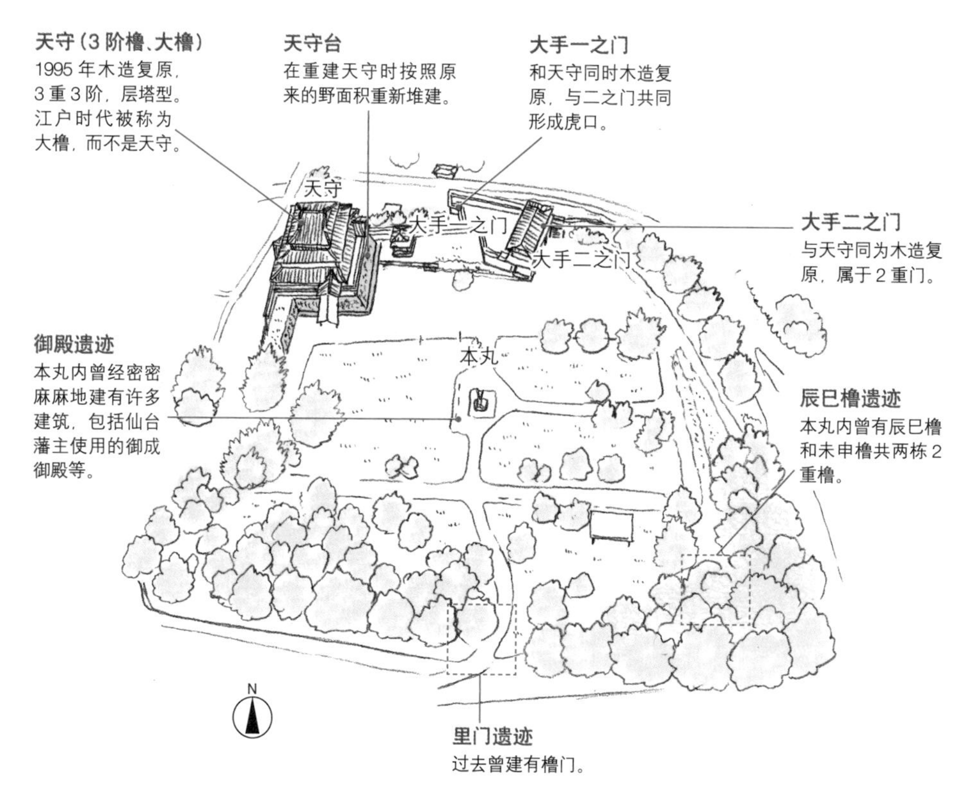

筑城年：天正19年（1591年）；形式：平山城；筑城主：蒲生乡成

天守和大手门的复原

白石城的天守以 1823 年重建时的外观为基础复原，参考了若干描绘外观的绘图和记录高度、平面规模、门窗数量的资料，以及发掘调查结果。第 1 阶平面以发掘结果为准，第 2 阶和第 3 阶依靠推测。土塀和一之门、二之门同时复原，可以看到最具特色的虎口全貌。

天守内部

面向窗户的部分设置了武者走，这是在考虑功能的前提下根据推测复原的。

天守

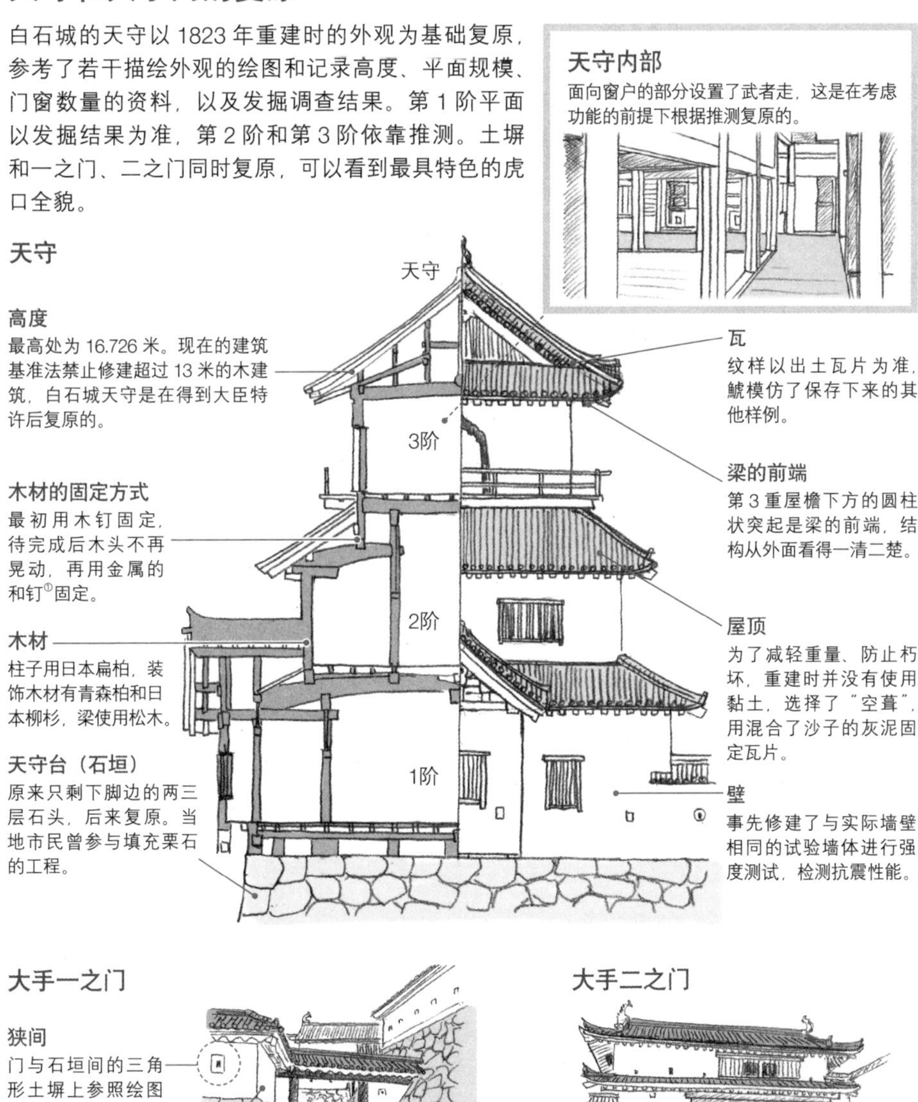

高度

最高处为 16.726 米。现在的建筑基准法禁止修建超过 13 米的木建筑，白石城天守是在得到大臣特许后复原的。

木材的固定方式

最初用木钉固定，待完成后木头不再晃动，再用金属的和钉①固定。

木材

柱子用日本扁柏，装饰木材有青森柏和日本柳杉，梁使用松木。

天守台（石垣）

原来只剩下脚边的两三层石头，后来复原。当地市民曾参与填充栗石的工程。

瓦

纹样以出土瓦片为准，鯱模仿了保存下来的其他样例。

梁的前端

第 3 重屋檐下方的圆柱状突起是梁的前端，结构从外面看得一清二楚。

屋顶

为了减轻重量、防止朽坏，重建时并没有使用黏土，选择了“空葺”，用混合了沙子的灰泥固定瓦片。

壁

事先修建了与实际墙壁相同的试验墙体进行强度测试，检测抗震性能。

大手一之门

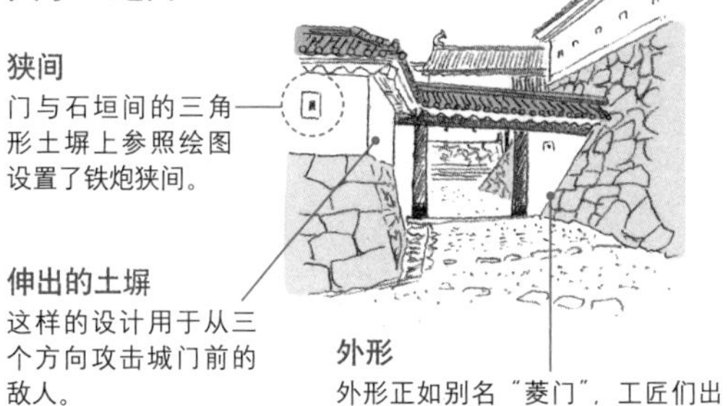

狭间

门与石垣间的三角形土塀上参照绘图设置了铁炮狭间。

伸出的土塀

这样的设计用于从三个方向攻击城门前的敌人。

外形

外形正如别名“菱门”，工匠们出色地完成了对门和石垣的复原。

大手二之门

木材

镜柱和冠木需要没有结节的巨大木材，但日本国内很难找到，最后用了台湾扁柏。

外形

再现了二之门左右不对称的外形，道路在这里拐出近乎直角的弯。

data

白石城

所在地：白石市益冈町 1-16

交通：JR 白石站步行约 10 分钟

主要遗构：石垣（现存），门、藏（以上为现存，移建），3 阶橹、门、塀（以上为复原）

①在西式钉子传入前，日本的钉子均为和钉，现在多用于古代建筑和雕塑的重建或修缮。

白河小峰城

白河作为奥州的玄关，自古以来就是兵家必争之地，14 世纪开始出现城塞。后来，丹羽长重将城塞翻新为近世城郭，并设计修建了城下町。丹羽长重是筑城名家，他修筑了精巧的打込接石垣，用 3 重橹代替天守。后来的藩主松平定信详细记录了城内的建筑。

白河是戊辰战争中的主要战场之一，3 重橹在战争中被毁。1991 年，3 重橹木造复原。从前御门前方抬眼望去，可以一睹往日风景。

曲轮重叠的巧妙绳张

白河小峰城北侧为水堀，南侧为二之丸、三之丸，呈现出梯郭式曲轮的风貌。3 重橹虽小，但阶梯状的石垣看上去坚韧牢固。三之丸内修建了多条细堀，战争时可以发挥防卫线的功能。

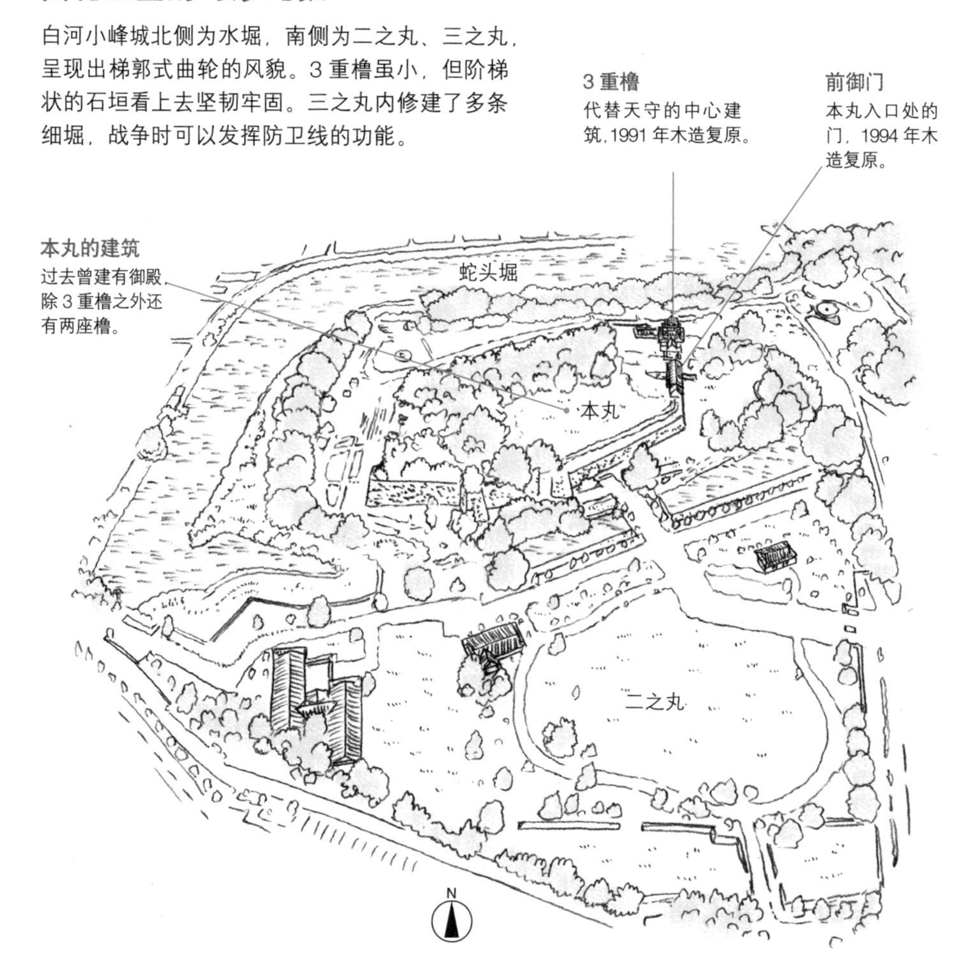

筑城年：宽永 4 年（1627 年）；形式：平山城；筑城主：丹羽长重

3 重橹和前御门的重建

3 重橹和前御门都是依据江户时代的绘图和发掘调查的成果复原的。特别是南合义之（藩主松平定信的家臣，因宽政改革而广为人知）制作的平面、立体和断面图保存至今，图中记录了建材的尺寸、倾斜度和种类，成了复原时的重要根据。

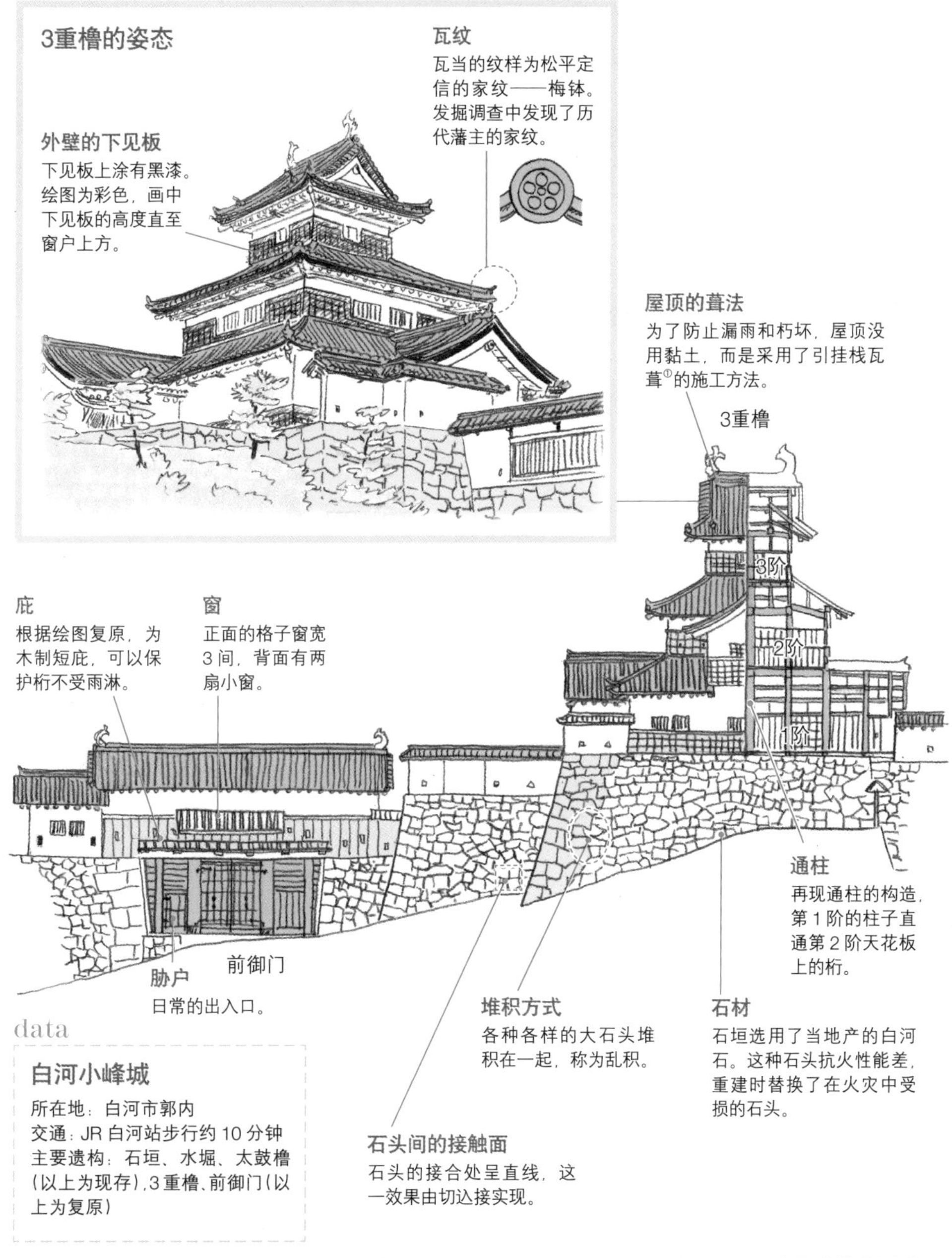

data

白河小峰城

所在地：白河市郭内
交通：JR 白河站步行约 10 分钟
主要遗构：石垣、水堀、太鼓橹（以上为现存），3 重橹、前御门（以上为复原）

MEMO：白河小峰城在复原时使用了附近稻荷山上树龄 400 多年的杉树。这里是戊辰战争的主要战场，杉树上也能找到被炮弹击中的痕迹，人们加工后直接使用，继续向后世传递着当地的历史。

①将内侧有突起的栈瓦挂在野地板（屋顶施工中铺垫在瓦片下方的底材）的横栈（防止木板翘起的细木条）上，防止瓦片滑落。

重要文化财·国家史迹　新发田城

新发田城是安土桃山时代迁至当地的沟口家历经56年岁月建成的。他们夺取了曾经威震一方的新发田重家的据点，然后进行绳张，建于17世纪后半叶的3阶橹起到了天守的作用。

每次遭受天灾或火灾过后，新发田城都会进行维修。到江户幕府末期，这里已经建起多座橹和门，但明治时期的废城令使城内大部分建筑被毁。2004年，3阶橹、辰巳橹完成木造复原。罕见的T形屋顶和美观的海鼠壁①是复原3阶橹的看点。

轮郭和段郭并用的绳张

二之丸包围着本丸，三之丸位于南侧并向外突出。这一绳张利用了新发田川岸边的高地。堀内的水引自河中，守护着曲轮。

3阶橹
天守的替代物，层塔型，3重3阶，1848年曾经历大修，但后来因明治时代的废城令被毁，后于2004年木造复原。

本丸的配置
四角设有橹台，西角的橹为3阶橹。东西各有虎口。

辰巳橹
位于本丸东南（辰巳）方向的2重2阶橹，与3阶橹同时木造复原。

二之丸遗迹
据说在新发田重家担任领主的时期，这里曾是本丸所在地。别名古丸。

旧二之丸隅橹
2重2阶，建于1668年大火后，现在移到了本丸铁炮橹的旧址处。

表门
1732年重建，是上阶设有格子窗的橹门。

筑城年：庆长3年（1598年）；形式：平城；筑城主：沟口秀胜

①贴有方形平瓦的外墙，瓦片缝隙间涂上灰泥，形成突出的菱形。

关注现存的门与橹

表门

通向本丸的入口，橹门，内部也对外开放。

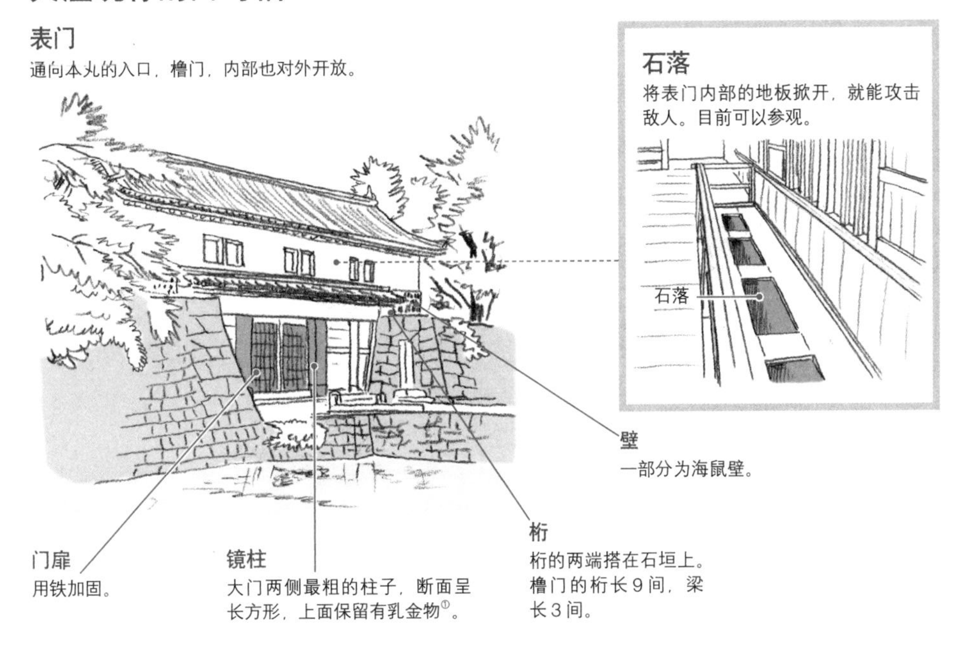

旧二之丸隅橹

原来位于二之丸内，1960年移至现地时复原了墙壁下半部分的海鼠壁。

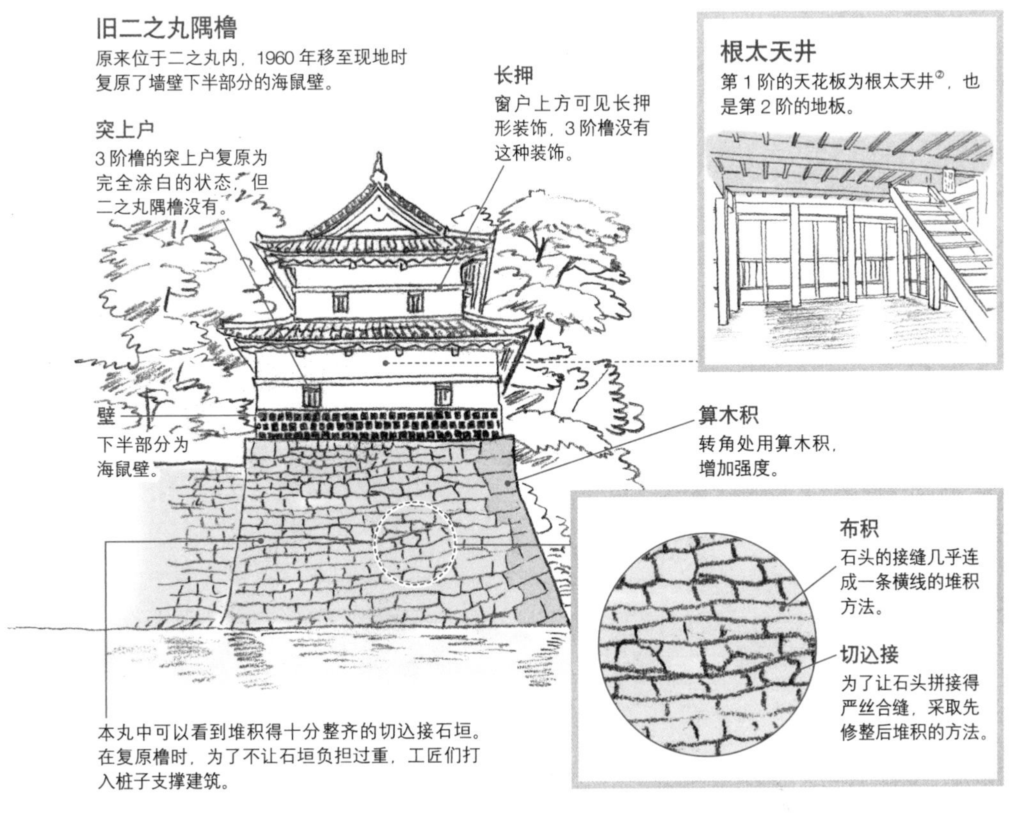

①乳金物是用于隐藏门扉或长押上的钉子头的金属装饰，呈半球状。②让支撑上层地板的横楞木（根太）暴露在外的天花板。

复原！承载3只鯱的独特3阶橹

复原3阶橹时，人们根据过去的照片、绘图和文献确定了外观、平面和大小。由于采取木造复原，橹的高度违背建筑基准法，因此获得了特别批准，即受保护建筑在恢复原貌时可以不遵循法律。

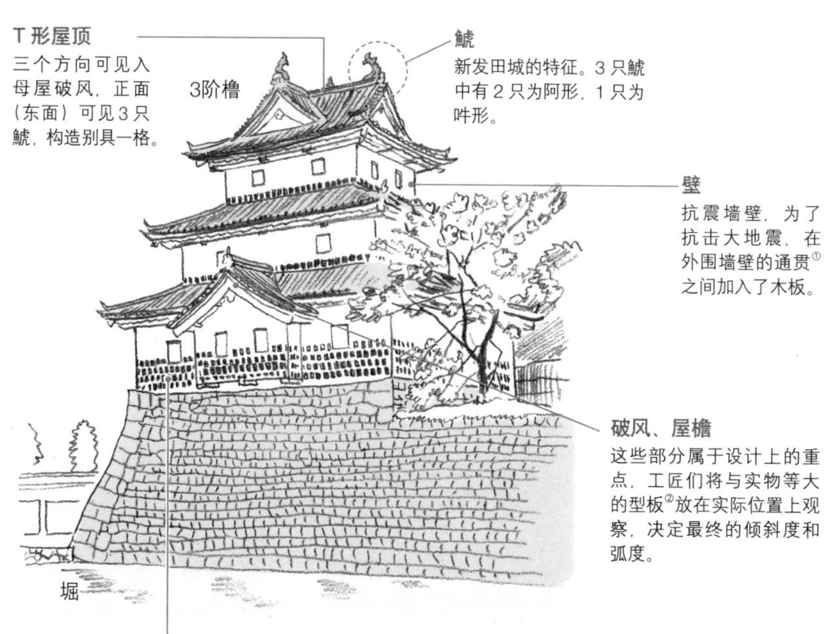

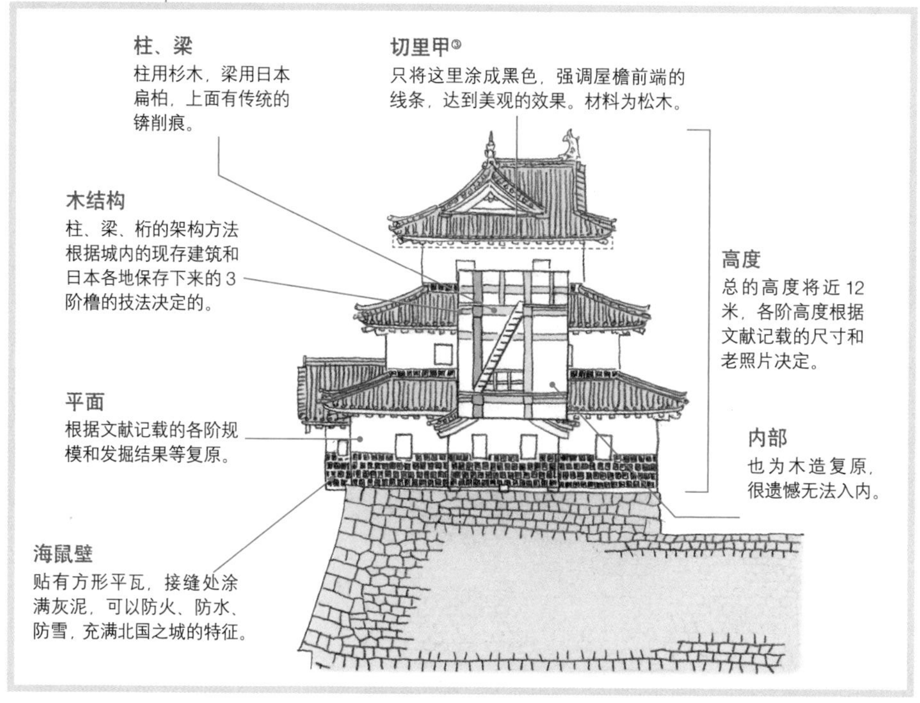

①“贯”指真壁的墙胎中贯穿两根柱子的水平建材。用贯支撑建筑物的构造称为贯构造，又称通贯。②木工、石工等用作建筑或雕刻标准的板材（样板）。③“里甲”是为了让屋檐前端向外突出而设置的装饰板。一块块里甲并列且略微伸出，每一块都能看到横断面，称为“切里甲”。

辰巳橹的复原

辰巳橹也是根据过去的文献和绘图复原的。3 阶橹无法入内参观，但辰巳橹可以。

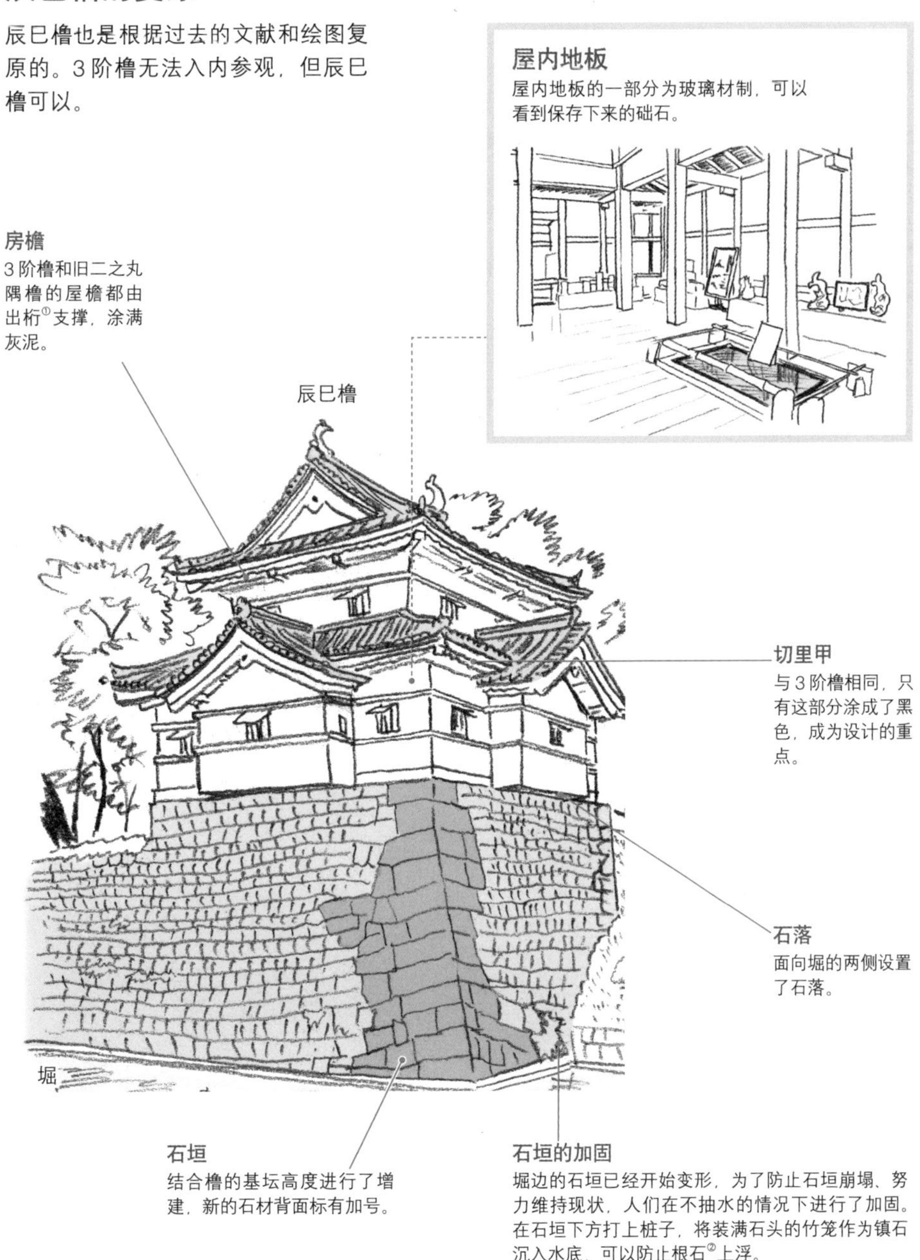

data

新发田城

所在地：新发田市大手町
交通：JR 新发田站步行约 20 分钟
主要遗构：表门、旧二之丸隅橹（以上为重要文化财，现存）、石垣、土垒、水堀（以上为现存）、3 阶橹（复原）

①屋檐下架在出梁和腕木前端，向前方伸出的桁。②石垣等最下方的础石。

重要文化财　挂川城

在东海道的要塞挂川修建近世城郭的，是丰臣秀吉的家臣山内一丰。山内一丰的职责是压制关东的德川家康，他筑造的城拥有天守，并在关键位置建有橹，坚不可摧。天守在1604年的地震中受损，一度重建，但后来再次遭遇地震，与本丸御殿一同被毁。

二战后，人们为了恢复挂川城原有的风貌，对二之丸御殿进行了整修，这是极少数留存至今的城内御殿。日本第一座木造复原天守也出现在这里。此外，重新营造城下町风情的街道整修工程①也在不断推进。

美丽的“东海名城”

挂川城的复原天守很有名。将二之丸的御殿作为城郭御殿，在日本其他地方也只有3处，是极其宝贵的遗物。城内的太鼓橹是江户时代的建筑。明治时代转让出售的门还有多座保存在市内，让人不禁追忆往日模样。

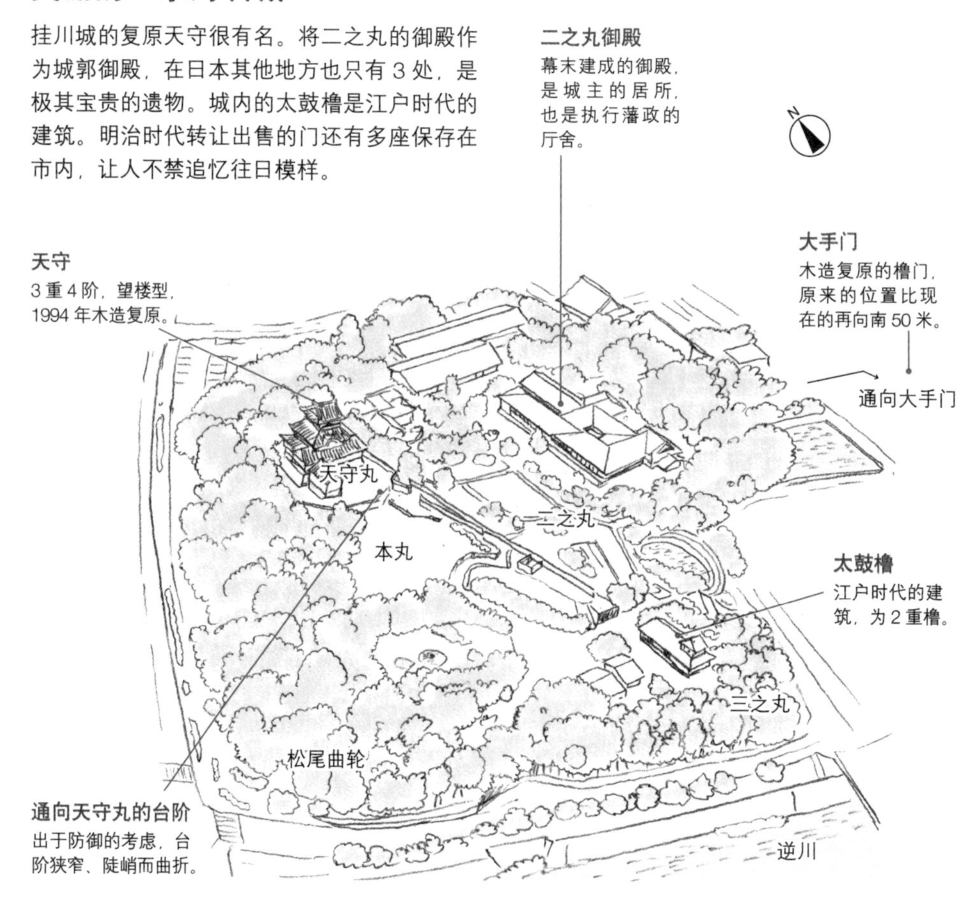

筑城年：天正18年（1590年）；形式：平山城；筑城主：山内一丰

①挂川是东海道的宿场町，这里不仅仅复兴了天守，还启动了重现历史风貌的街道整修工程。从挂川站到挂川城的道路两侧，即使是钢筋混凝土建筑，只要是在行人视线范围内，全都采用了瓦片屋顶和海鼠壁等传统设计，以统一景观。

现存江户时期的宝贵遗构

二之丸御殿

二之丸御殿在 1854 年的地震中倒塌，后于 1861 年重建。整座御殿为书院造，走廊从玄关处的广间向后延伸，左侧是藩主的空间，右侧是藩厅。明治时代以来，这里曾先后用作小学校舍和町的办公场所。

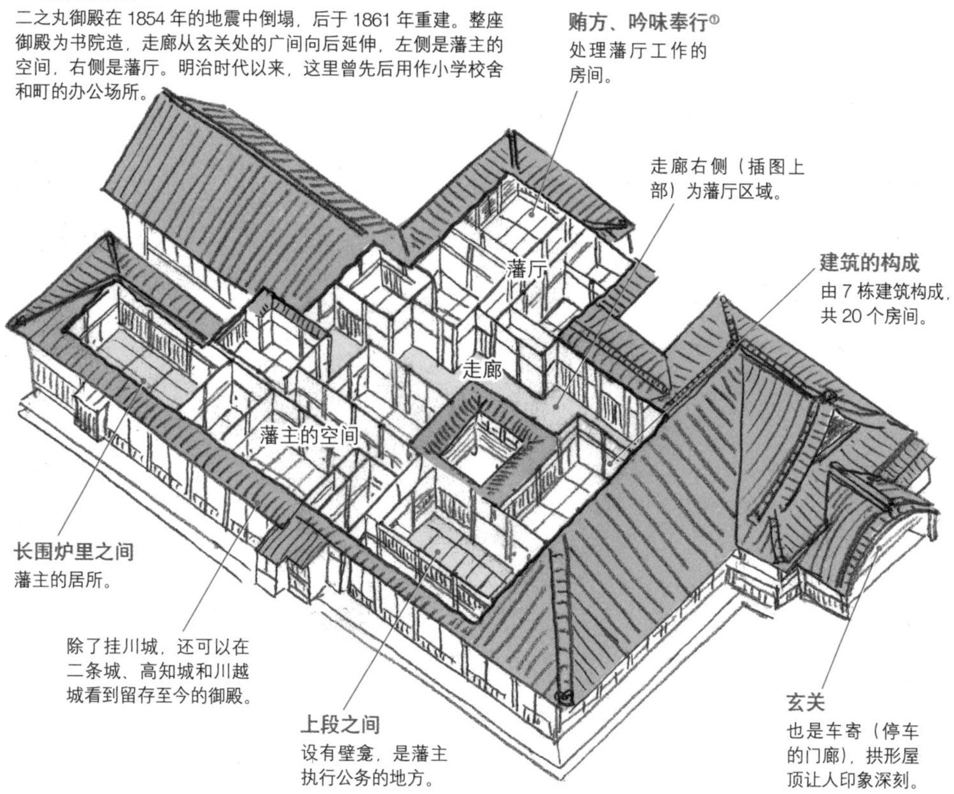

太鼓橹

名称来自报时的太鼓，是一座建有望楼的 2 重建筑，但过去的绘图显示为 3 重橹。原本位于三之丸，现已移建到本丸。

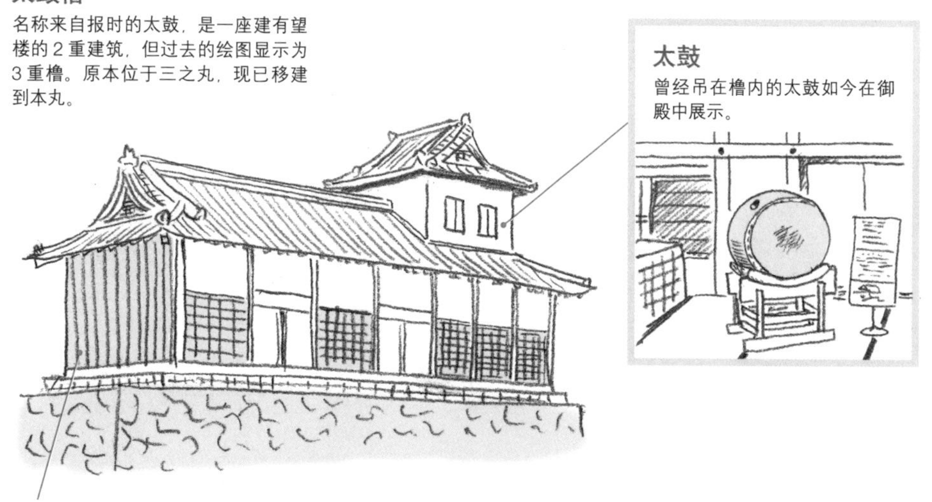

下见板

天守复原时采用了涂满灰泥的总涂笼式，太鼓橹选择了镶嵌下见板，特别是山面，完全被下见板覆盖。

①“贿方”指负责准备餐食的人，“吟味奉行”指负责调查诉讼与犯罪的官员。

日本第一座木造复原天守

第一座依据资料并采用木结构复原的天守就是挂川城天守。复原以江户时代的城内绘图和石垣崩塌时的记录图为基础，还参考了高知城天守（山内一丰修筑），据说后者是以挂川城天守为样本修建的。

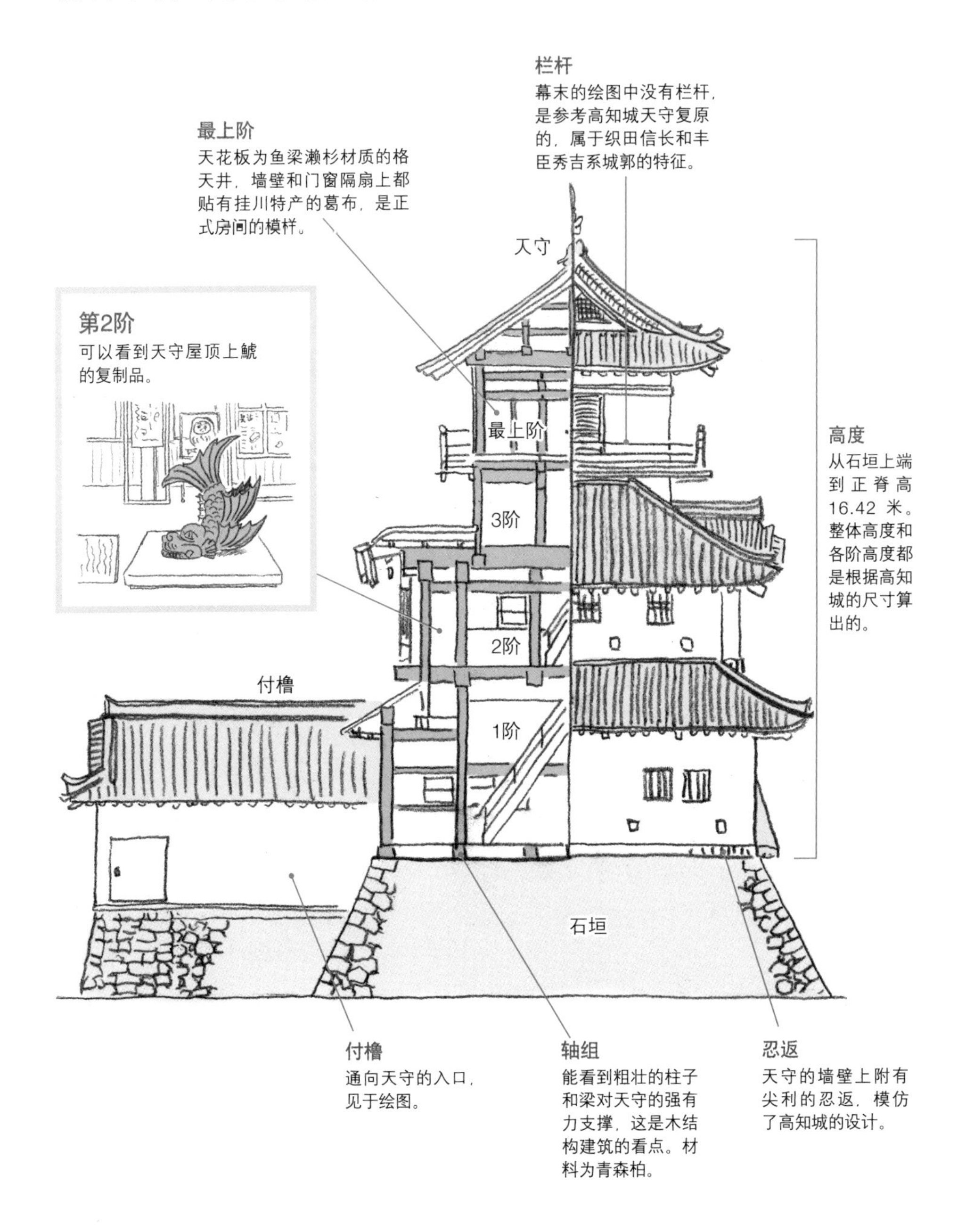

与天守同时复原的大手门

大手门

有着楼门外形的大手门为 2 阶建筑，间口[①]约 12.7 米，高约 11.6 米，镜柱和冠木均使用了大型木材，显得很气派。最初的大手门在 1854 年的地震中毁坏，1858 年重建的大手门在明治时代被转售，后遭火灾烧毁。人们在发掘调查中发现了柱子的础石，确认了门的规模，于 1995 年复原。

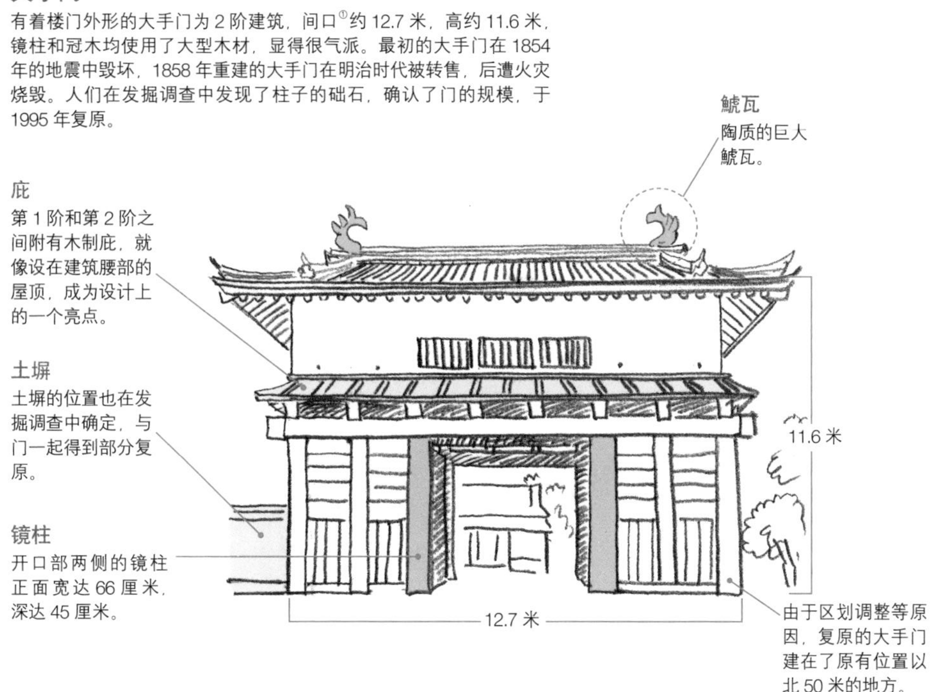

江户时代的现存建筑：大手门番所

大手门番所为木结构平房，屋顶铺有瓦片，入母屋造，与大手门建在同一轴线上，从外面穿过大手门，迎面便是番所正面。番所在 1854 年的大地震中倒塌，1859 年重建后保存至今。挂川城废城后，番所一度移建他处，发掘调查确定了原来的位置后，重新移回。日本的城郭中，罕有大手门的番所能保存下来，十分珍贵。

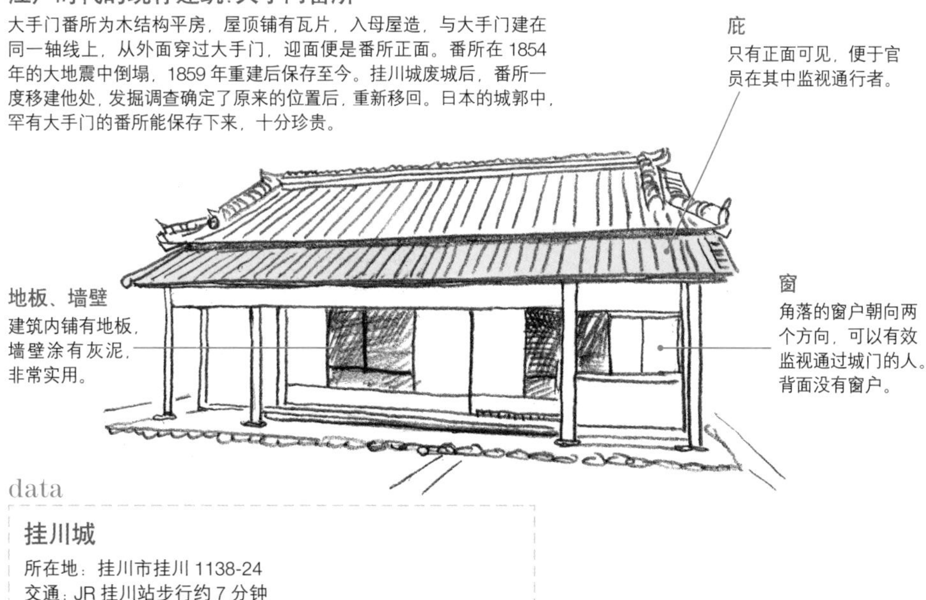

data

挂川城

所在地：挂川市挂川 1138-24
交通：JR 挂川站步行约 7 分钟
主要遗构：二之丸御殿（重要文化财，现存），太鼓橹、石垣、土垒、堀（以上为现存），天守、大手门（以上为复原）

①房屋、土地等的正面宽度。

和歌山县　**拥有姿态万千的连立式天守之名城**

重要文化财 · 国家史迹

和歌山城

和歌山城是丰臣政权统治纪伊地区的据点，由藤堂高虎普请。后来，桑山氏和浅野氏继续城郭和城下町的建设，江户幕府御三家之一的纪伊德川家主持了大修，建成了我们现在看到的模样。1846年，天守因雷击被烧毁，4年后重建。当时，城的普请和作事受到严格限制，但因为是御三家，获得了特别许可[①]。重建的本丸建筑后来毁于二战。如今，城内保存有江户时代的冈口门、外观得到复原的天守和木造复原的御桥走廊等。

活用地形和纪伊国自然条件的城

和歌山城的绳张充分利用了地形，以建在虎伏山山顶的本丸为中心，在周围配置曲轮，从河中引水的堀环绕北、东、西三个方向。此外，石垣的石头都来自藩内，最初使用虎伏山产的青石，后来较多使用友岛产的砂岩和熊野产的花岗斑岩。

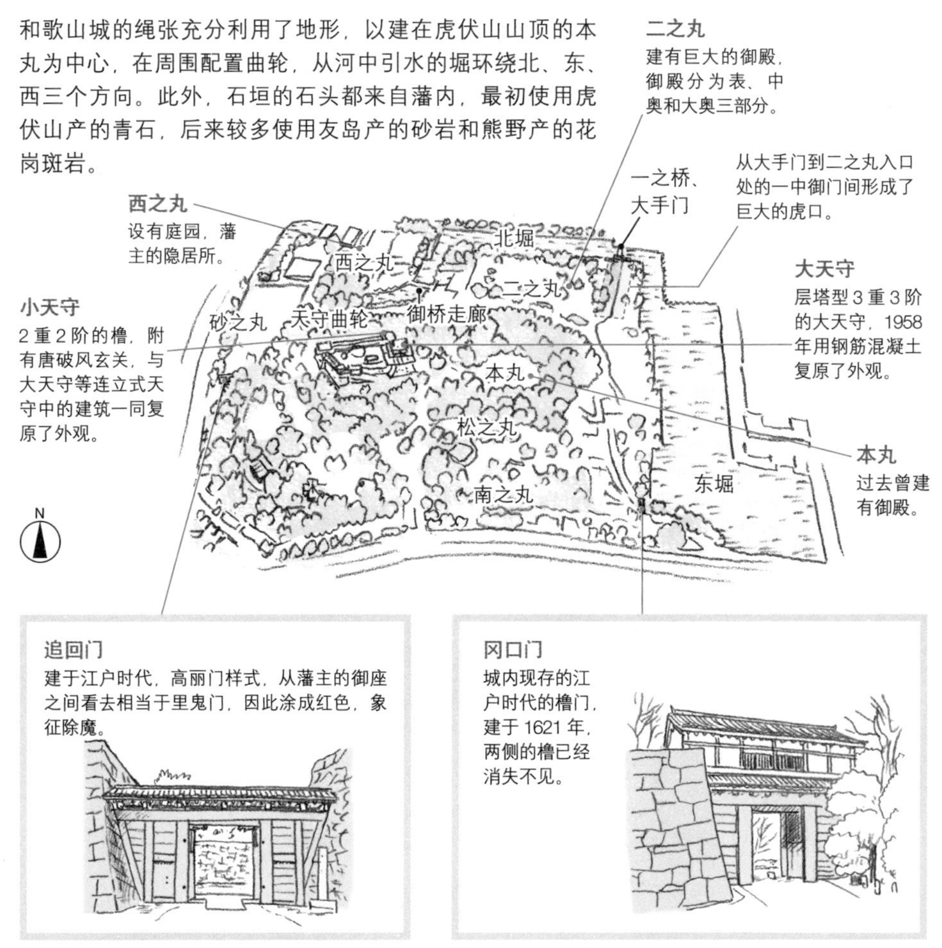

筑城年：天正13年（1585年）；形式：平山城；筑城主：丰臣秀长

①幕府通常不允许重建城郭，但因为和歌山城是御三家之一的纪伊德川家的居城，所以破例允许重建。

探寻木造复原的遗构

为藩主建的御桥走廊

御桥走廊是连接藩主生活的二之丸和庭园开阔、用于享受雅趣的西之丸的桥，只有藩主和少量随从能够使用，两侧的墙壁据说是为了让藩主的行动更加隐蔽。复原时，人们参照了江户时代的图纸，采用木结构。现在参观者可以从中走过。

天花板

天花板采用了房间中使用的棹缘天井，与藩主通道这一用途十分相称。

倾斜

二之丸与西之丸间有约3米的高低差，由近27米的桥相连，桥约有6.3度的倾斜。

27米

廊桥

建有墙壁和屋顶的桥称为廊桥。其他城也有廊桥，但有高低落差的十分少见。

桥桁

桥桁的构造和外形是依据江户时代的图纸复原的。

地板

也许是为了防滑，每块地板较高一端的边缘向上翘起，重叠到上方相邻地板的下缘之上。

大手门

间口宽约11米的高丽门，德川氏时代成为大手门。1909年自然倒塌，后根据老照片于1983年木造复原。

乳金物

附在门扉和柱子上的半球状金属装饰，老照片显示出其具体位置。

土塀

复原后，门的左右两侧均为土塀，但左侧（面向门时）原本为多闻橹。

潜户

潜户只见于门的左侧。从老照片上可以看到镜柱一侧还附有铰链。

一之桥

通向大手门的桥，带有拟宝珠①的柱子和栏杆的形状都是根据照片复原的。

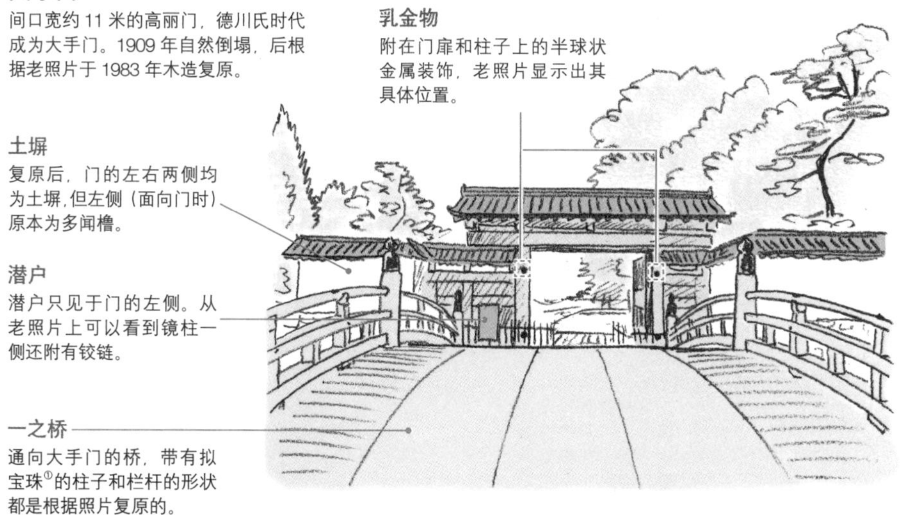

①桥、寺庙或神社的栏杆柱子顶部形似洋葱头的装饰。

平山城的中心：天守曲轮

天守曲轮呈菱形，四角分别建有天守和橹，并以多闻橹相连，形成连立式天守。入口处的天守二之门（楠门）也是橹门，展现出强大的防御力。此外，台所橹（御台所）下方的石垣中设有埋门，是危急时刻的脱逃通道，这一设置也得到了复原。

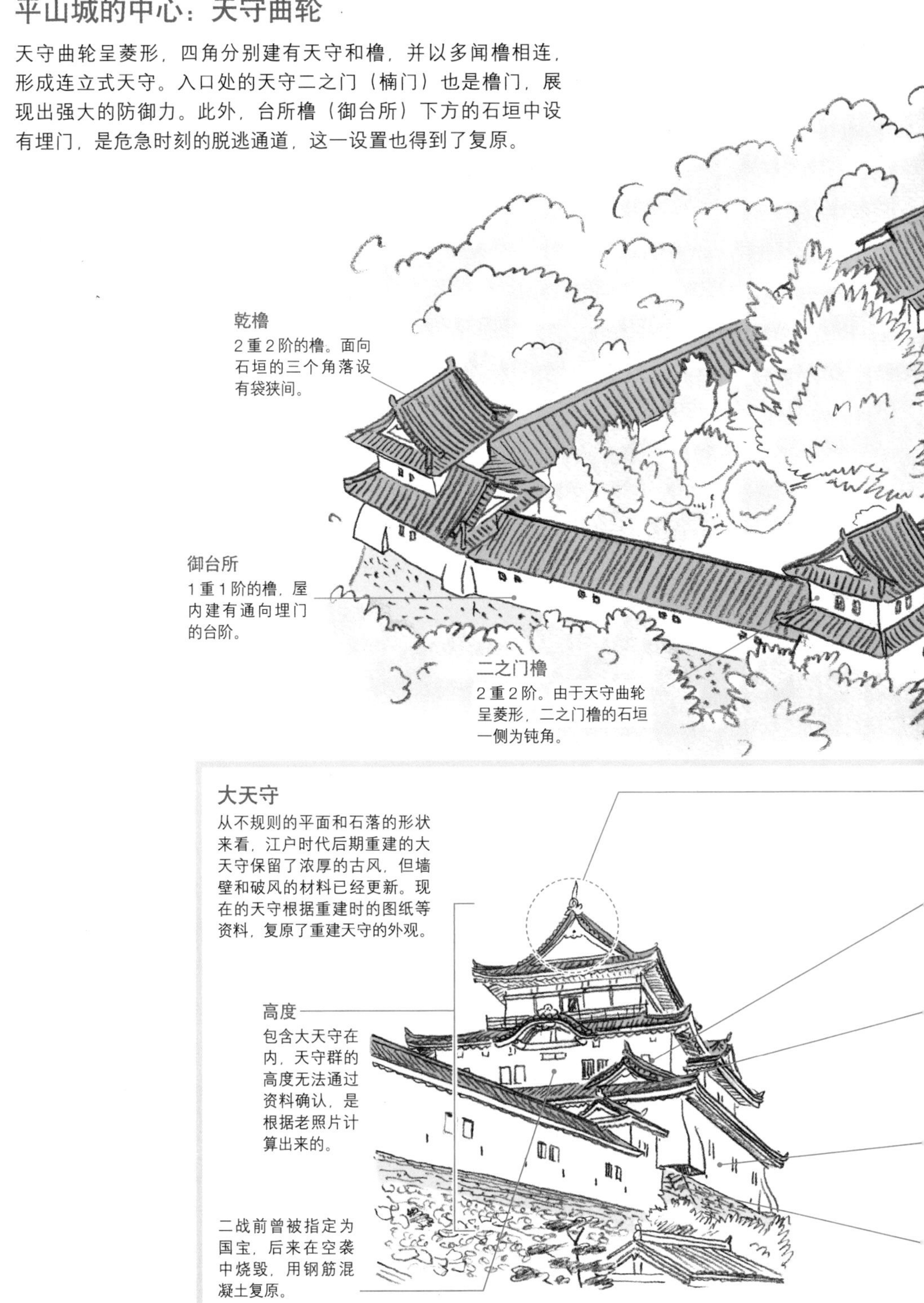

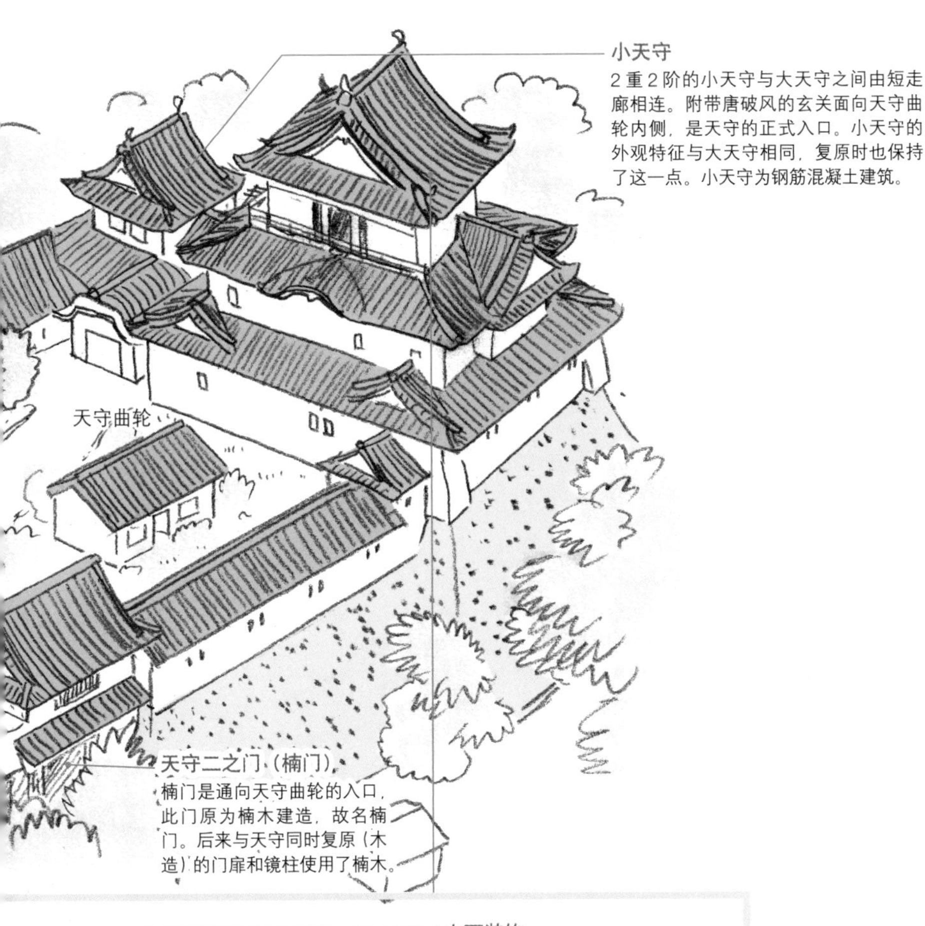

小天守

2 重 2 阶的小天守与大天守之间由短走廊相连。附带唐破风的玄关面向天守曲轮内侧，是天守的正式入口。小天守的外观特征与大天守相同，复原时也保持了这一点。小天守为钢筋混凝土建筑。

天守二之门（楠门）

楠门是通向天守曲轮的入口，此门原为楠木建造，故名楠门。后来与天守同时复原（木造）的门扉和镜柱使用了楠木。

壁

复原再现了江户时代后期重建时的白墙。

山面装饰

入母屋破风的山面镶有铜板，上面可见向外凸起的波浪纹样。据推测，创建时的天守应该附有木连格子。连立天守群之外，其他建筑的入母屋破风也是如此。

比翼入母屋

第 1 重屋顶上有两个并排的千鸟破风，这在第 1 阶平面形状不规则的初期天守中十分常见。

第 1 阶平面

第 1 阶平面配合不规则的天守台，呈菱形。

石落

石落呈向外膨胀的曲线形，又称“袋狭间”。

data

和歌山城

所在地：和歌山市一番丁

交通：南海和歌山市站步行约 10 分钟

主要遗构：冈口门（重要文化财，现存），土塀、追回门（以上为现存），大天守、天守曲轮群、御桥走廊（以上为重建）

重要文化财 · 国家史迹

冈山城

冈山城的历史可以追溯到南北朝时代。到了战国时期，这里成了宇喜多氏的大本营。在丰臣秀吉的统治下，成为大名的宇喜多家族扩大了城的规模，建起具备高石垣和4重6阶天守的近世城郭。关原之战后，小早川氏和池田氏先后成为城主。池田氏统治期间完成了如今我们看到的绳张，并修建了著名的后乐园。进入明治时代后，城内只剩下天守、2栋橹及1扇门，均被指定为旧国宝。二战中的空袭烧毁了天守和门，后于1966年恢复了天守外观。从后乐园可以遥望乌城之美，让人回味无穷。

活用河曲的绳张

冈山城的绳张为梯郭式，本丸的东侧和北侧面朝天然的水堀——旭川，曲轮在本丸西侧延伸。城内的两栋橹为现存建筑，复原建筑有天守等4栋。本丸分为本段、中段和下段，这是冈山城的一大特征。城中可见野面积、打込接和切込接共3种方式加工的石垣，由此可以看出石垣经过了历代城主的修整。城北侧的旭川对面就是后乐园。

西之丸西手橹

建于江户时代初期，与池田家担任城主的姬路城的建筑十分相似。

铳眼石

月见橹周边土塀的础石处设有铳眼[①]，是当时的最新设备。

筑城年：天正18年（1590年）；形式：平山城；筑城主：宇喜多秀家

①城墙上建造的小窗口，用枪等向外射击。与狭间功能相似。

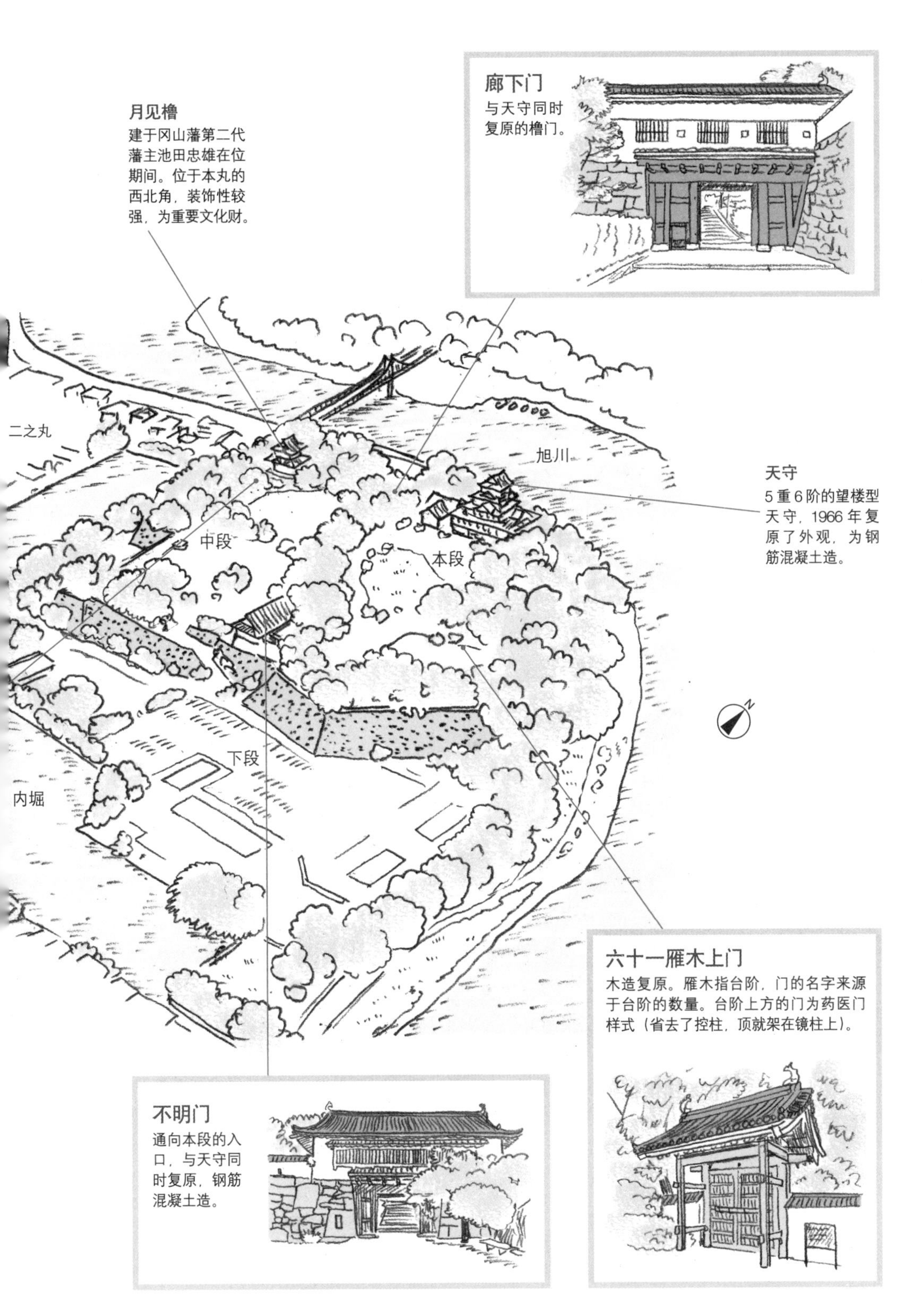

廊下门
与天守同时复原的橹门。
月见橹
建于冈山藩第二代藩主池田忠雄在位期间。位于本丸的西北角，装饰性较强，为重要文化财。
二之丸
旭川
天守
5 重 6 阶的望楼型天守，1966 年复原了外观，为钢筋混凝土造。
中段
本段
下段
内堀
六十一雁木上门
木造复原。雁木指台阶，门的名字来源于台阶的数量。台阶上方的门为药医门样式（省去了控柱，顶就架在镜柱上）。
不明门
通向本段的入口，与天守同时复原，钢筋混凝土造。

外观复原的钢筋混凝土天守

与白色墙壁的“白鹭城”——姬路城相对，黑色墙壁的冈山城被称为“乌城”。天守据说模仿了安土城，曾经是重要的初期天守遗构，但在战争中烧毁。二战前，天守曾经被指定为旧国宝。当时的实测图纸保存完好，外观是按照原样复原的。

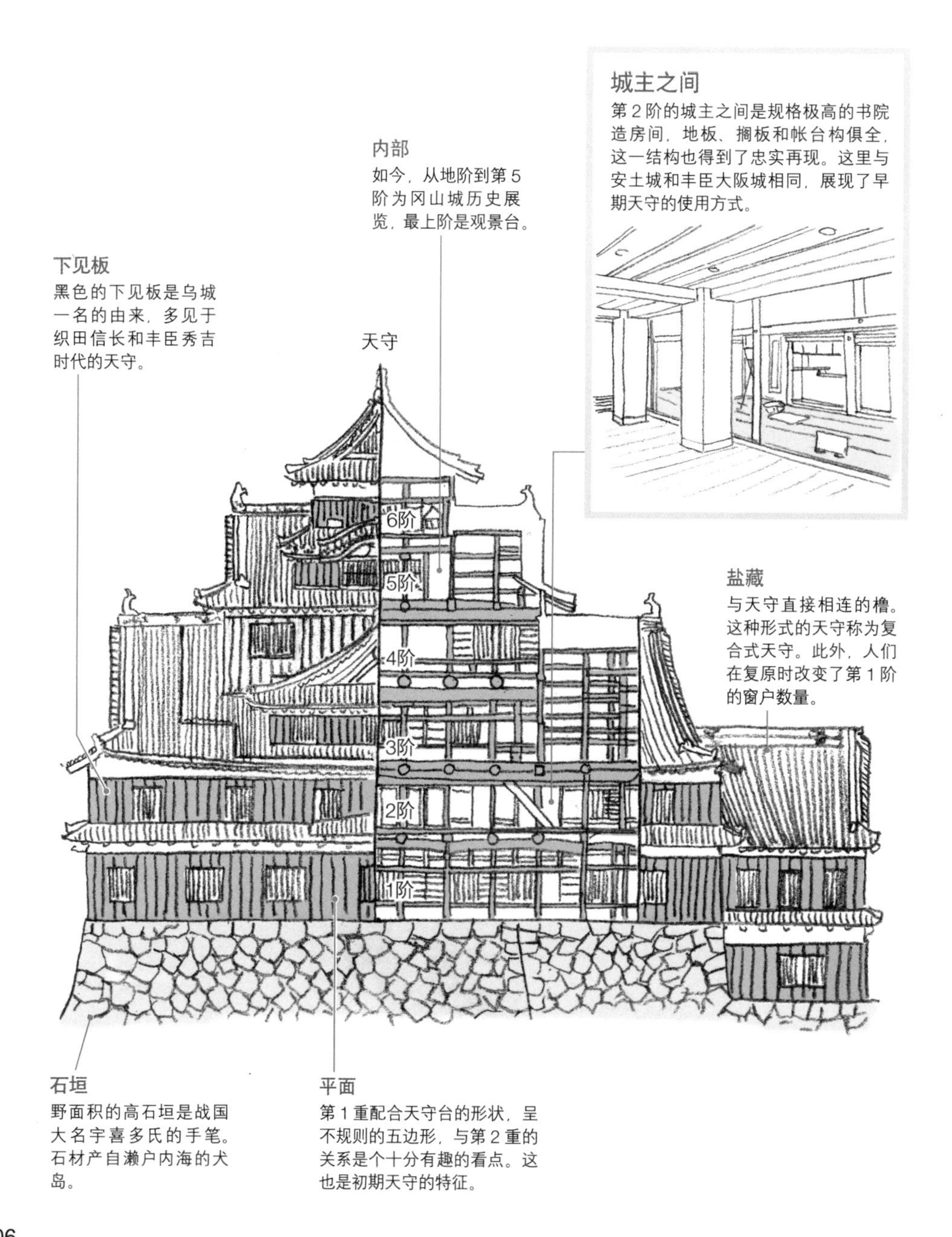

重要文化财月见橹是江户时代的建筑

城内只有两栋橹是保存至今的遗构，其中的月见橹设计独具匠心，优美华丽。朝向本丸外侧（西侧和北侧）的墙壁涂满白色灰泥，墙上有看起来十分坚固的格子窗，内侧（东侧和南侧）最上阶的窗户都可以完全敞开，让人享受眺望的乐趣。橹的 4 个侧面风格迥异，装饰性极高，是城中必看之处。

本丸内侧（东侧和西南侧）

长押和钉隐

第 2 阶为棹缘天井，钉有长押，还附有钉隐[①]。据说过去曾铺有榻榻米，可以在这里愉快地赏月，正如这座橹的名字。

栏杆与外廊

东面和南面可以完全敞开的窗边设有栏杆和外廊。

地阶

地阶曾经是储备武器等物品的仓库。

2 重橹

虽然是 2 重橹，但是从本丸内侧可以看到第 2 重的中部附有庇，看起来就像 3 重。

本丸外侧（西侧和西北侧）

木连格子

屋顶的千鸟破风上嵌入了木连格子，雅致而美观。

石落

面向本丸石垣外侧的西面和北面设有附带石落的出格子，可见筑城时也考虑到了防御功能。

唐破风

3 面都附有唐破风，分别位于第 2 重的出窗、第 1 重的出格子和第 1 重的屋顶，位置完全不同。

data

冈山城

所在地：冈山市丸之内
交通：JR 冈山站步行约 20 分钟
主要遗构：月见橹、西手橹（以上为重要文化财，现存），石垣、内堀、后乐园（以上为现存），天守、不明门、廊下门、要害门（以上为重建）

①装饰用金属部件，用来隐藏长押和门扉上露出的钉子顶部。

国家史迹　广岛城

广岛城是统治日本中国地区的毛利氏的大本营，在得到丰臣秀吉的许可后开始筑城。当时，黑田官兵卫曾以指导者和监视者的身份被派至广岛。后来，在前往名护屋城的途中，丰臣秀吉也曾在此停留。关原之战后，福岛正则入主广岛城，进行了人规模改建，城中橹的数量大幅增加。

明治年间，广岛城失去了很多建筑，天守等保存下来的部分都被列入旧国宝。不过由于原子弹爆炸，一切都灰飞烟灭了。直到 1957 年，重建才让天守恢复了往日的模样。

利用沙洲的平城

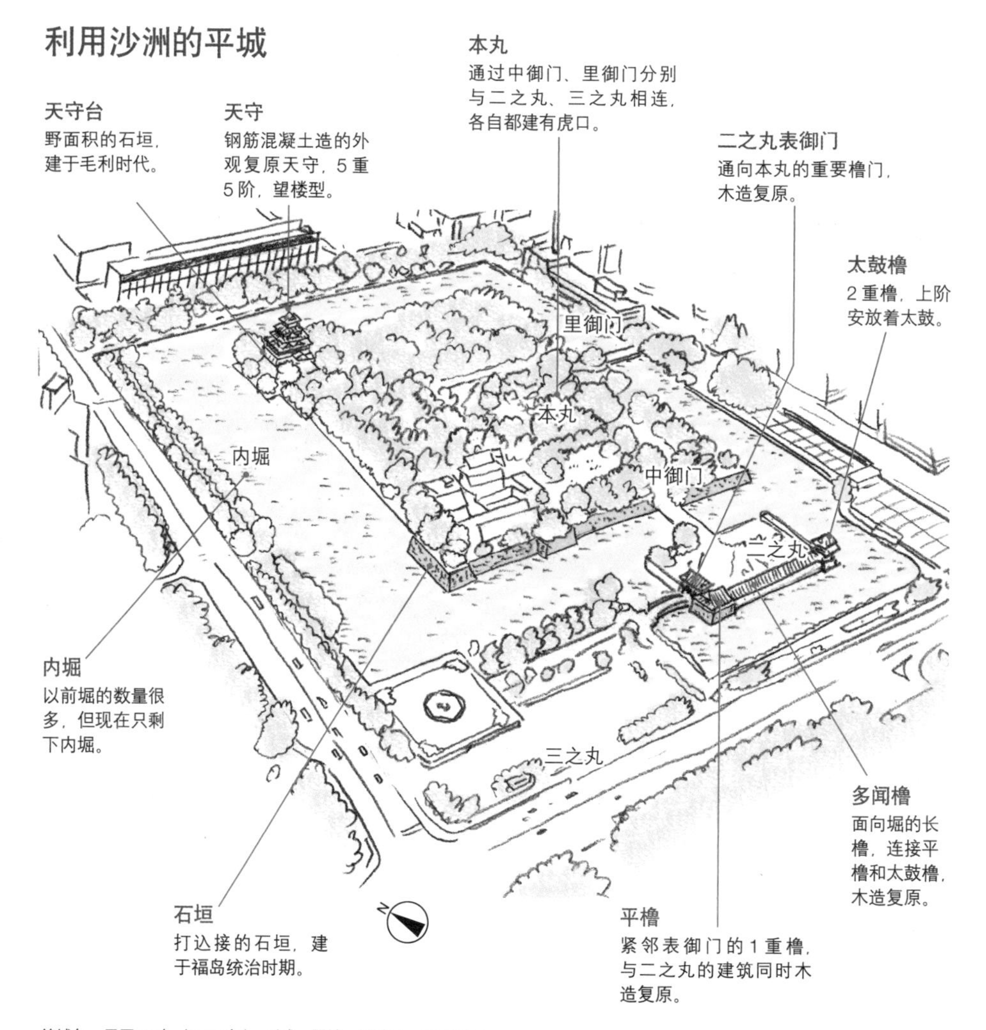

筑城年：天正 17 年（1589 年）；形式：平城；筑城主：毛利辉元

钢筋混凝土造的外观复原天守

围绕是否复原在原子弹爆炸中被毁天守的问题，有从观光角度出发认为应该复原的，也有认为爆炸后的废墟更有文化遗产价值的，最终决定于 1957 年着手复原，1958 年完工，成为广岛复兴大博览会（1958 年）的会场。外观复原以二战前的实测图纸为基础，不明之处参考了老照片等。

内部

内部曾举办过与广岛乡土、历史和自然相关的展览。1989 年，展览内容更新为广岛的武家文化与历史。

鯱瓦

鯱瓦的制作参考了老照片，以及建造年代和所处地域十分相近的福山城筋铁御门的鯱瓦。

最上层

最上层为观景台，为了防止坠落，在栏杆上增设了栅栏。

钢筋混凝土造

当时也有人提议采用木造复原，但考虑到防火性能等因素，最终选择了钢筋混凝土造。

火灯窗

复原时，窗户采用了与当初相同的木制窗框和格子，特征鲜明。还能近距离观察下见板。

入口

原本是从续橹进入天守，但续橹并未复原，因此入口已经与当初不同。

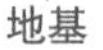

地基

为了让天守台能承受沉重的钢筋混凝土造天守，人们在石垣中灌入砂浆固定栗石。

木造复原的二之丸建筑

二之丸的建筑群是依据老照片等资料于1991年木造复原的，细节设计和构造手法参考了天守。建造过程中模仿了1600年前后的技法和用具。

表御门内部(第2阶)

据说曾隔成若干房间，但考虑到橹的功能，应该不可能，所以并未按此复原。

二之丸表御门和平橹

发掘调查和明治时代的实测图表明了平面规模，人们根据照片和实测图，经过对功能和增建、改建过程的分析，完成了外观的复原。平橹没有存世的老照片，但它和太鼓橹的相对位置显示二者应为一对，复原基于这一点进行。

鯱瓦

根据老照片，参考了形式上十分相似的大阪城乾橹的鯱瓦。

庇

实测图显示格子窗一直延伸到北端，但考虑到相邻建筑的扩建，如今边缘处为土墙。

表御门

平橹

栏杆

详细尺寸不明，因此在复原时参考了江户时代的木工技术书《匠明》。

上部构造

影响景观的桥板和桥桁均采用木造。

御门桥

当初为木造桥，与表御门同时复原。

桥脚

考虑到耐用年限，采取了钢筋混凝土造。

窗和外壁

由于没有留下资料，窗户、狭间的位置以及外壁下见板的复原都参考了太鼓橹。

太鼓橹

从石垣上端的痕迹可以判断出建筑平面呈不规则四边形，且上部曾经放有太鼓，这些都是复原时的参考。

天花板

内部模样不明，但为了让太鼓的音效更好，应该曾有天花板，因此参考天守采用了猿颊天井。

多闻橹

由于要连接高矮不一的平橹和太鼓橹，多闻橹的连接部位是在参考同类建筑的基础上根据推测复原的。

窗

老照片中可见附有突上户的连子窗、高窗，以及狭间的样子和位置。

外壁

照片中可以看出四周环绕着长押和贯。

轴组

轴组是必要的构造，采用了当时常见的形式。

至今为止的天守

现在的复原天守（见第 109 页）为第三代天守。初代天守建于江户时代初期，是 5 重 5 阶的望楼型。人们在明治年间进行了详细调查，绘制出了图纸。第二代天守是二战后为体育文化博览会（1951 年）而建，但在展览会结束后就拆除了。

初代天守

毛利辉元修建的天守在二战前曾被指定为国宝，经过实测调查制作了图纸和老照片，详细记录了当时的模样。

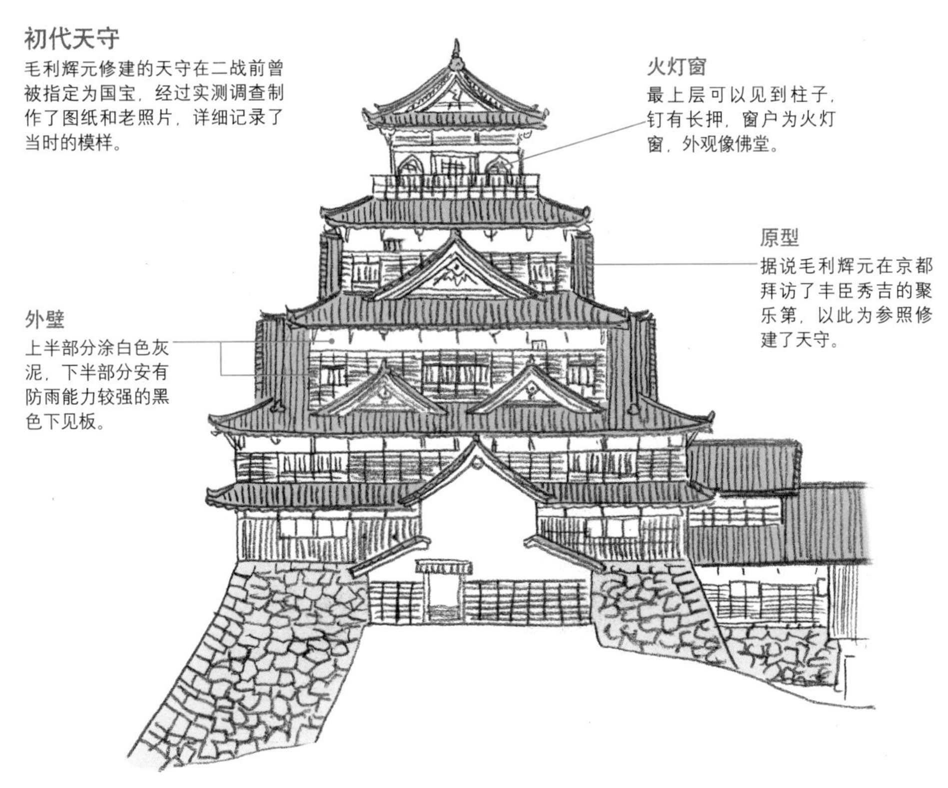

火灯窗

最上层可以见到柱子，钉有长押，窗户为火灯窗，外观像佛堂。

原型

据说毛利辉元在京都拜访了丰臣秀吉的聚乐第，以此为参照修建了天守。

外壁

上半部分涂白色灰泥，下半部分安有防雨能力较强的黑色下见板。

第二代天守

第二代天守是 1951 年为举办体育文化博览会修建的木造临时建筑，可以通过照片了解外观。

入口

天守的南侧和东侧设有出入口，修建了通向小天守台的坡道。

构造

虽然是木造临时建筑，但在展览会期间经受住了台风的考验。

外观

整体外形模仿了初代天守，但简化了窗户和墙壁的设计。

Z 字形铁道车

紧挨天守的娱乐设施，类似过山车，当时在美国十分流行。

data

广岛城

所在地：广岛市中区基町 21-2

交通：广岛电铁纸屋町东、纸屋町西步行约 15 分钟

主要遗构：石垣、内堀（以上为现存），天守、表御门、平橹、太鼓橹、多闻橹（以上为重建）

重要文化财　大洲城

大洲城的兴建可以追溯到中世，现在人们看到的大洲城是近世的户田氏、藤堂氏和胁坂氏陆续建成的。本丸中建有四国地区最早的连结式天守，多闻橹将 4 重的天守、2 重的台所橹和高栏橹连成 L 形。各曲轮和天守台均为石垣样式，城的四周被河流和水堀环绕。

城内数量众多的橹和门几乎都在明治时代遭到破坏，天守也被拆除。2004 年，人们采用木造形式忠实地复原了天守。两栋名列重要文化财的橹和复原天守连成一体，十分壮观。

防御与贸易的重要河流

大洲城本丸的东北侧面向肱川，西南侧建有二之丸和三之丸，每一区域之间设置了内堀和外堀。除了现存的苧绵橹，过去还曾有品川橹、水手橹等多座面向肱川的橹，起到监视的作用。肱川可以说是守护城郭背面的天然堀。

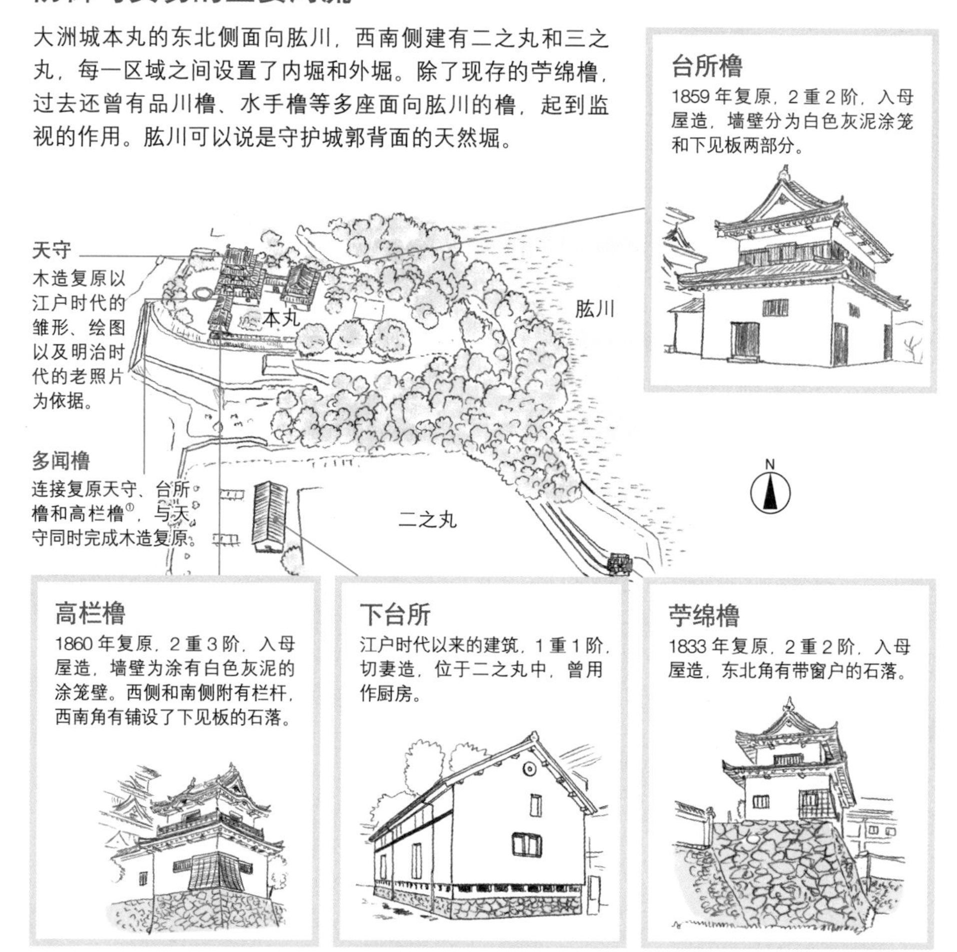

筑城年：文禄 4 年（1595 年）；形式：平山城；筑城主：宇都宫氏

①在日语中，栏杆也称为高栏。

最大的木造复原天守

大洲城天守是二战后建成的木造建筑中最高的。不过 19.15 米的高度和 4 重 4 阶的规模违反了建筑基准法，修建过程十分艰难。最初，计划不被认可，但有保存价值的建筑物最终得以不受基准法的限制。这样一来，实现了天守复原，与两座现存橹（小天守）同为木造建筑的大天守重现于世。

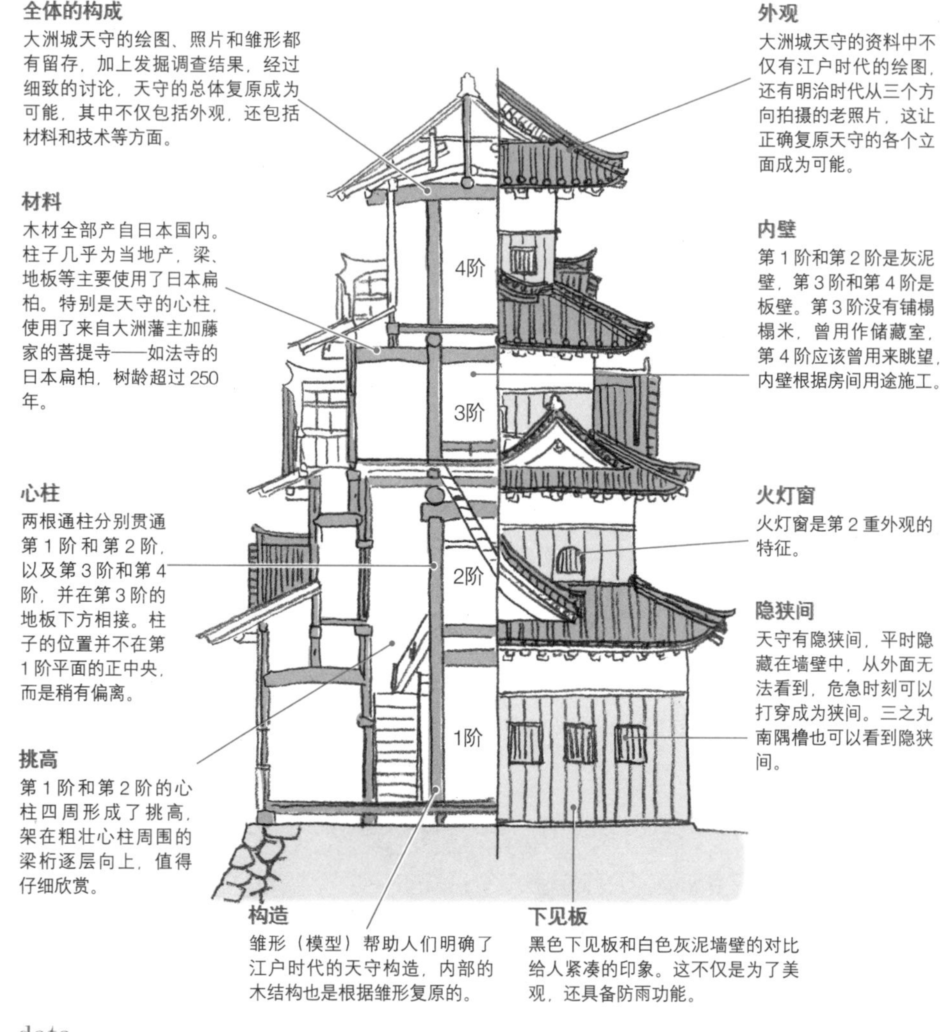

data

大洲城

所在地：大洲市大洲
交通：JR 伊予大洲站步行约 20 分钟
主要遗构：高栏橹、台所橹、三之丸南隅橹、苧绵橹（以上为重要文化财，现存），下台所、石垣（以上为现存），天守（复原）

重要文化财　佐贺城

佐贺城由锅岛直茂和锅岛胜茂修筑，“沉城”一名来自固守城池时本丸以外会被水淹没的策略。

创建时期的天守为层塔型 5 重，以黑田官兵卫提供的小仓城天守图纸为蓝本。本丸在 1726 年的火灾中几乎全毁，于是修建了二之丸和三之丸，用来代替本丸，但也在 1835 年烧毁。后来人们在本丸中建起了御殿，但没有重建天守。1874 年，佐贺城在佐贺之乱①中成为战场，城内多数建筑被烧毁。2004 年，本丸御殿的一部分得到复原。

被宽堀环绕的方形城

佐贺城由方形的曲轮构成，绳张为轮郭式和连郭式的结合。环绕城郭的堀最窄处也超过了 50 米，由土垒而非石垣筑成。

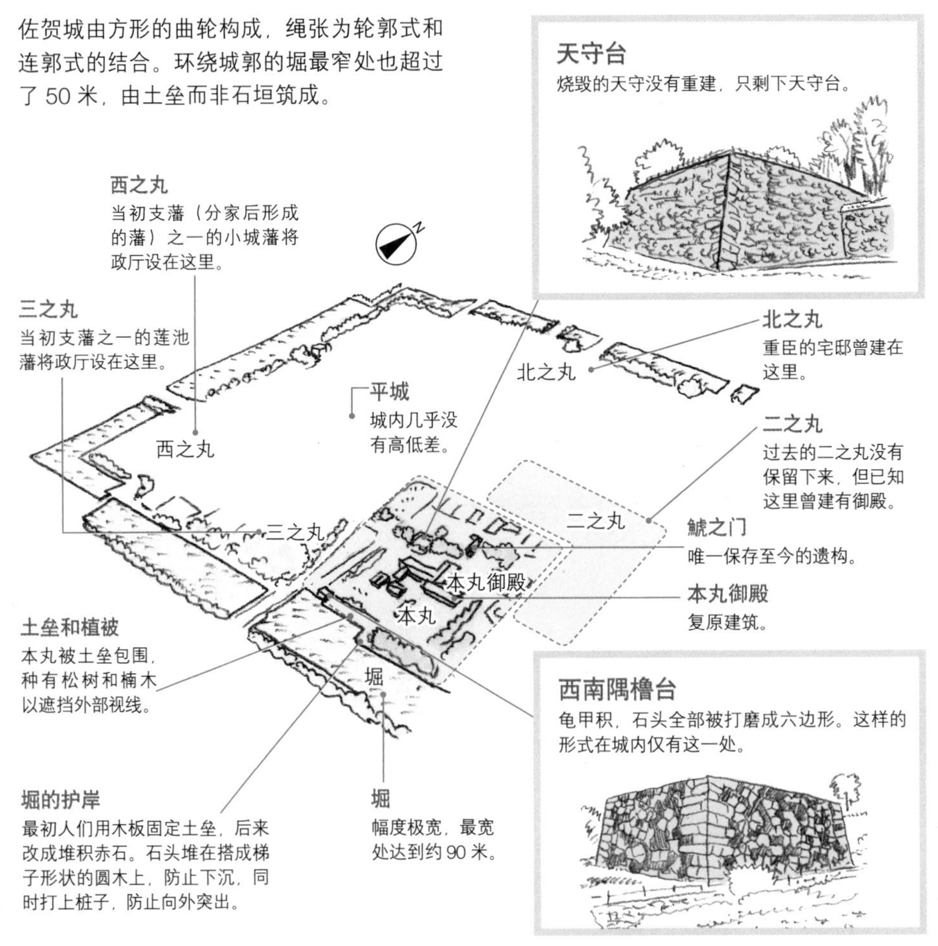

筑城年：庆长年间（1596 ~ 1615 年）；形式：平城；筑城主：锅岛直茂、锅岛胜茂

① 1874 年（明治 7 年），以江藤新平、岛义勇为中心，不满明治政府的氏族在佐贺发动叛乱。最终叛乱军失败，江藤等人被处决。

唯一现存！有青铜鯱的橹门

本丸曾多次毁于火灾。1836 年重建时，人们建起了鯱之门（橹门）作为本丸的表门，名字来源于屋顶上的青铜鯱。门与建在石垣上的续橹相连，石垣曾经和包围本丸的土垒相接。门上可见佐贺之乱时留下的弹痕。

舟肘木

灰泥涂笼的墙壁上有柱形和长押形，长押形上方可见装饰性的木制舟肘木[①]。

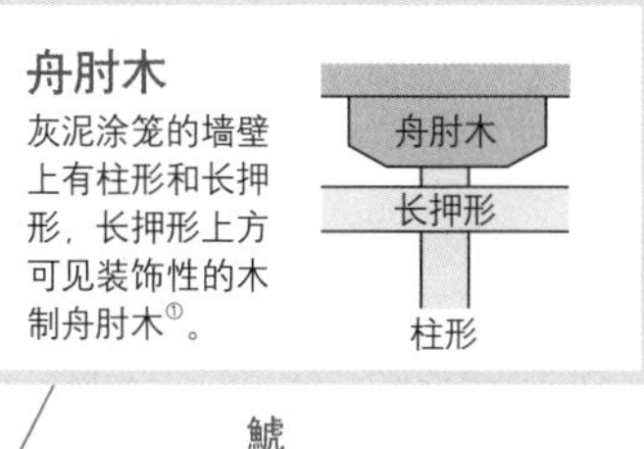

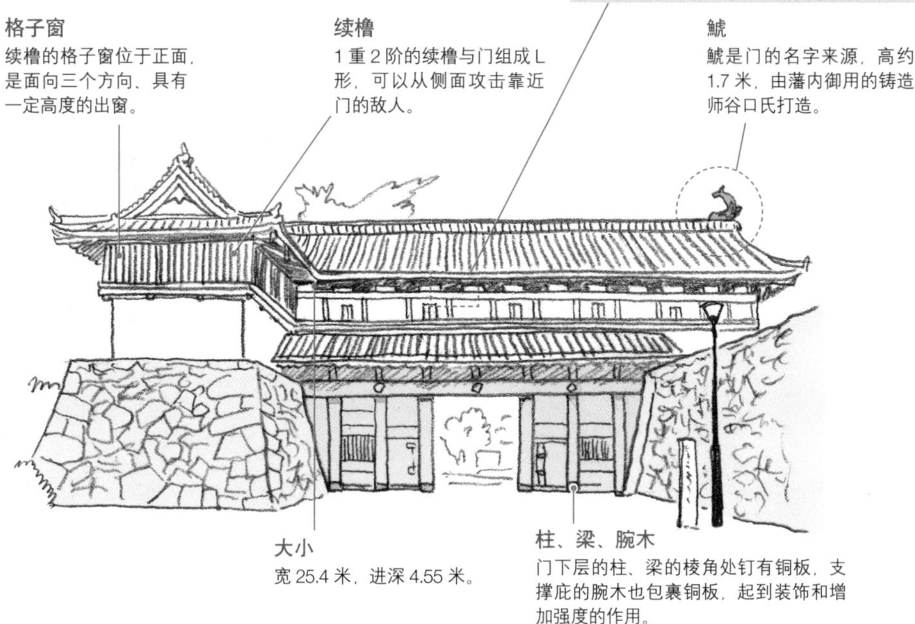

橹门内部

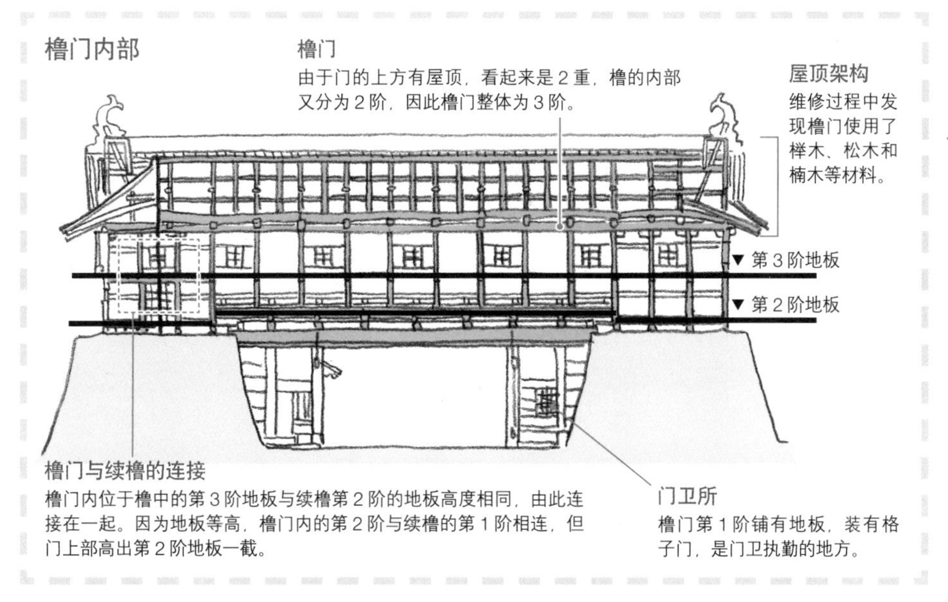

①日文中的肘木对应“栱”这一结构，单独使用时译为栱，此处保留为舟肘木。

日本最大御殿经维修与复原重现世间

在本丸御殿的建筑中，唯一保存至当代的是藩主的居室“御座之间”。御座之间曾先后被用作小学校舍和公民馆，如今已经移回原位，恢复原状。人们参照过去的图纸、照片和发掘成果，忠实复原、再现了玄关、式台、外御书院等御殿的部分建筑，并在内部设立了佐贺城本丸历史馆。

御玄关

现在的资料馆入口，过去在御殿中也是正式入口。入母屋式屋顶、庇和格天井显示出极高的规格。

切妻造

御料理之间为切妻造，山面可见整齐的束（短小的垂直部件）和贯。

屋脊的高度

在由多座建筑连成的御殿中，屋顶相互协调、屋脊高度不同，由此呈现多种风格，是御殿的看点之一。

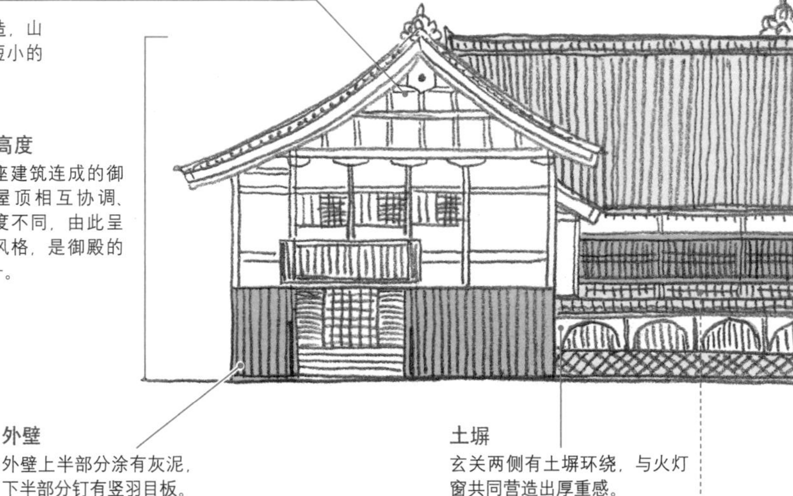

外壁

外壁上半部分涂有灰泥，下半部分钉有竖羽目板。

土塀

玄关两侧有土塀环绕，与火灯窗共同营造出厚重感。

壁龛

宽达2间半。由于柱子和长押为白木①，涂漆的床框②和落挂③就成了设计的重点。

楣窗

外御书院的各个房间之间，以及面向壁龛时右边的广缘与房间之间都镶有筬栏间，展现出极高的规格，左边则为采光较好的障子栏间。

吊束

从上部吊着鸭居的束，可以防止鸭居弯曲造成拉门无法开合。在外御书院这样鸭居较长的建筑里，吊束十分重要。

拉门

拉门上原本有画，但没有保存下来，如今全部为白色拉门。

大广间

从一之间到四之间全部相连，加起来共有320叠。

data

佐贺城

所在地：佐贺市城内2-18-1，佐贺城公园

交通：JR佐贺站乘坐巴士至鯱之门，步行3分钟

主要遗构：鯱之门、续橹（重要文化财，现存），御座间（移建），石垣、堀、土垒（以上为现存），本丸御殿（重建）

①经过剥皮、刨削但未涂漆的原木。②壁龛前端的装饰横木。③楣窗下方的云形雕刻。

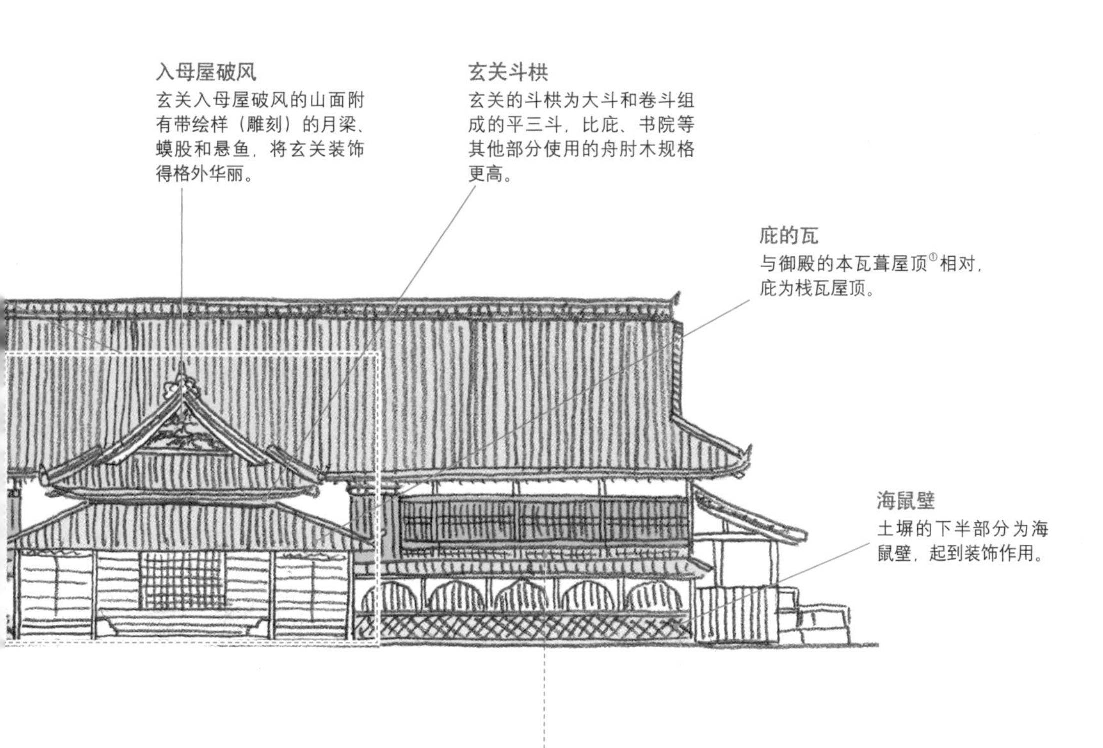

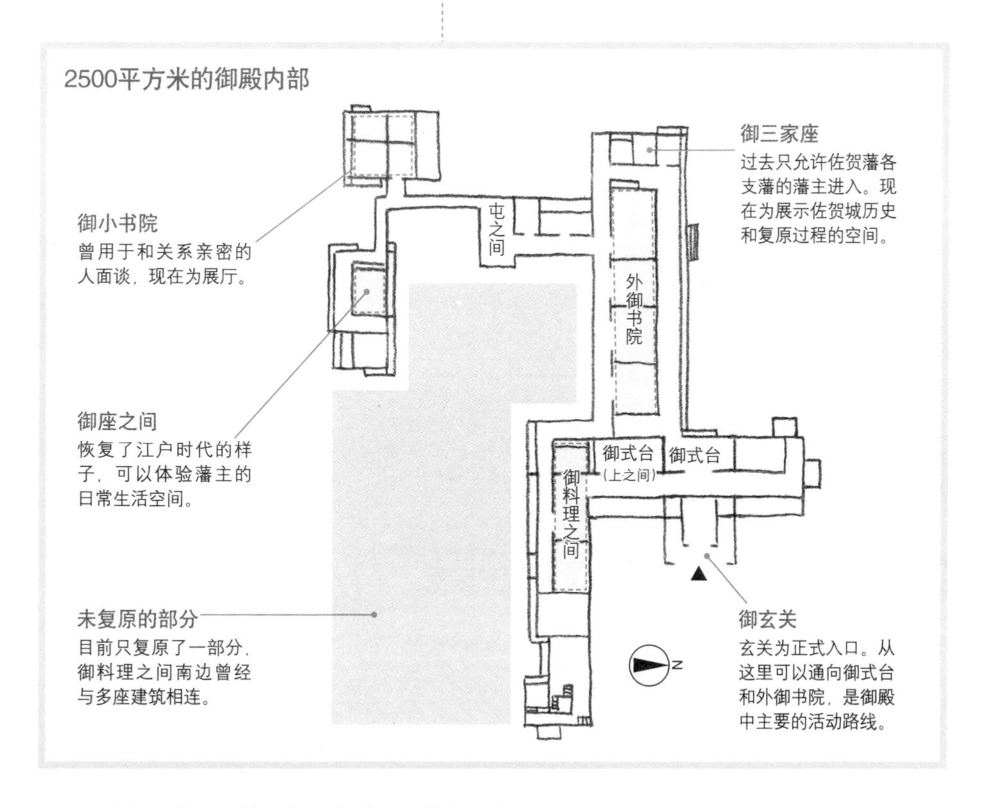

①板瓦（长方形，断面为弧状）和筒瓦（半圆筒形）交替使用修建的屋顶。

冲绳县　**琉球王朝的华丽宫殿**

世界遗产·国家史迹

首里城

首里城始建于 14 世纪，最初只是一座小城塞，统一冲绳的第一尚氏将其扩建为王城。16 世纪时，第二尚氏将其整修为中国风格，后发生火灾，首里城经历了重建和大修。1879 年“琉球处分①”后，城郭一度荒废，但后来经过维修被列为旧国宝。1945 年，城郭在二战中遭到破坏。战后，人们着手复原了守礼门。1992 年，在掩埋的遗构之上重建了正殿等建筑。2000 年，首里城作为“琉球王国的城及相关建筑群”的一部分，被列入世界遗产名录。

首里城的中心：正殿

建筑前方的庭是款待外交使节和群臣列队拜见大王的御庭，与中国宫殿的空间构成相同。正殿从外面看为 1 重，有副阶①，但内部有 3 阶，主要使用第 1 阶和第 2 阶。在复原这座毁于战火的建筑时，人们参考了文献、绘图、过去维修时的记录和二战前的老照片等，连内部空间都得到准确再现。人们还重现了曾在这座建筑中举行过的仪式。

御差床

琉球王的玉座，设置在正殿的第 1 阶和第 2 阶。第 2 阶的玉座周围环绕着施有沈金②的黑漆栏杆。

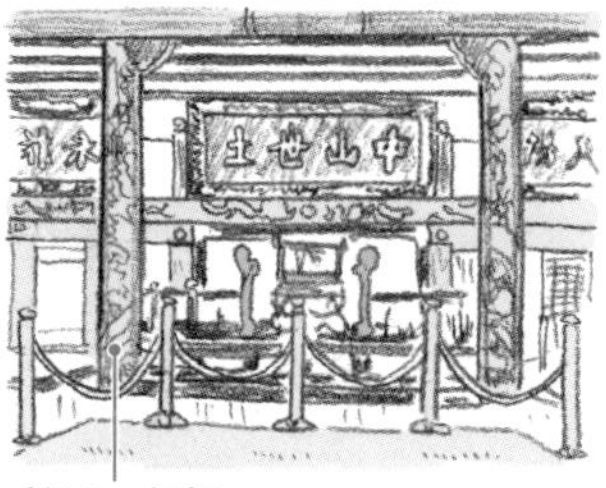

柱子、长押

内部的柱子均为红色，玉座周围描绘着龙和云的图案。

龙头

正脊和正面的唐破风上方安放了龙头。复原龙头是陶制的，二战前的龙头是灰泥制成的。

唐破风

正殿的象征，这也是正殿被称为唐玻丰的原因。

正殿

瓦

复原时使用了传统的红色琉璃瓦。初代正殿据说使用了黑色的高丽瓦。

雕刻

作为建筑的装饰，人们在复原雕刻时参考了照片和拓本，色彩也以过去的维修记录为依据，准确再现。

石质栏杆

建在正殿正面的石质栏杆，可以看出是受中国宫殿设计的影响。

庭

筑城年：不明；形式：山城；筑城主：不明

①指明治新政府将琉球王国强制纳入近代日本国家的过程，具体时间为 1872 年（明治 5 年）设置琉球藩到 1879 年设立冲绳县。
②主体建筑周围绕一圈回廊。③漆器的装饰手法之一，在涂了漆的表面刻上花纹，再将金箔贴在花纹处。

关注独特的门和石垣

王城的正门：欢会门

创建于尚真王在位年间（1477 ~ 1500 年前后），石造拱门上方建有橹，与中国宫殿建筑十分相似，1974 年复原，参考了古文献、旧图纸、二战前的平面图和记录、老照片。发掘出石垣的地基后，根据照片准确复原了石垣。内部构造手法继承了冲绳原有的古建筑。

拱门
常见于中国和韩国，但在日本十分罕见，开口部间口 3.9 米、高 4 米，拱形为三心拱[1]。

高度
从地面到橹的屋脊约 9.5 米。

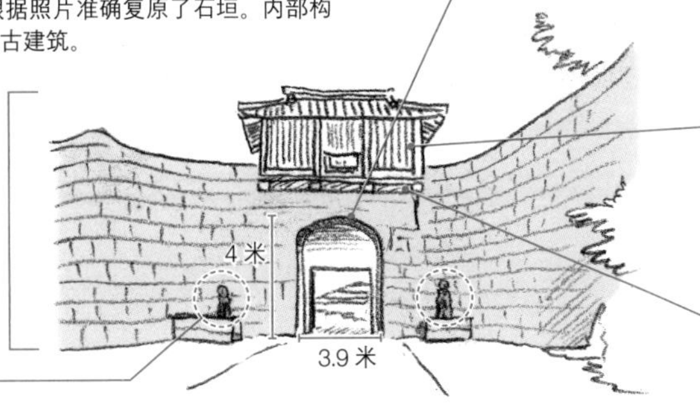

壁
墙上的木板纵向铺设，接缝处钉有板子（目板）。

狮子
门两侧放有石狮子，都是张开大嘴的阿形，这是一大特征。

雾除庇
橹下方的台基突出部分附有雾除庇[2]。

华美的守礼门

守礼门建于 1527 ~ 1555 年尚清王统治期间，位于首里的大道上，据说王曾在此迎接中国的使节。整座门呈现中式牌楼的外形，色彩鲜艳。守礼门曾毁于二战，1958 年重建，以 1937 年维修时的图纸和资料为依据，是首里城在战后复原的第一座建筑，1972 年成为冲绳县指定有形文化财。

瓦
为了抵抗当地的狂风大雨，人们用灰泥固定冲绳赤瓦。

斗栱
柱子上部使用了独特的插肘木栱（插在柱子中的栱）和贯。

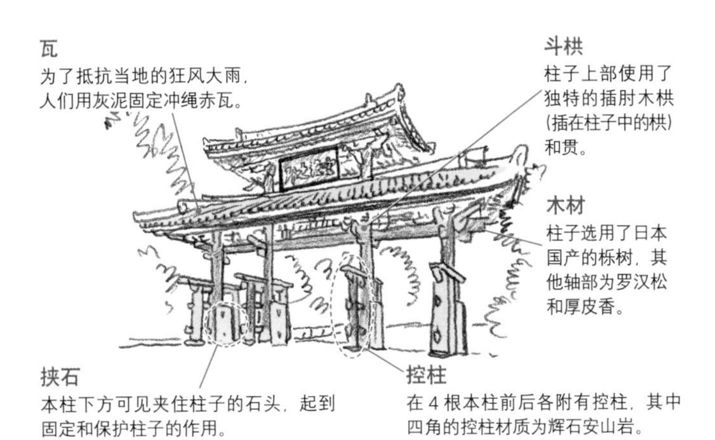

木材
柱子选用了日本国产的栎树，其他轴部为罗汉松和厚皮香。

挟石
本柱下方可见夹住柱子的石头，起到固定和保护柱子的作用。

控柱
在 4 根本柱前后各附有控柱，其中四角的控柱材质为辉石安山岩。

独特的石垣

首里城周围环绕着和中韩两国的宫城相同的石造城墙。这些石垣中包含着与日本本土城郭完全不同的要素，是首里城的看点之一。

隅头石
城墙转角处上端设有隅头石，隅头石向上伸展，仿佛指向天空，是首里城石垣的特征之一。

石材
主要使用了在岛上采掘的珊瑚石灰岩。

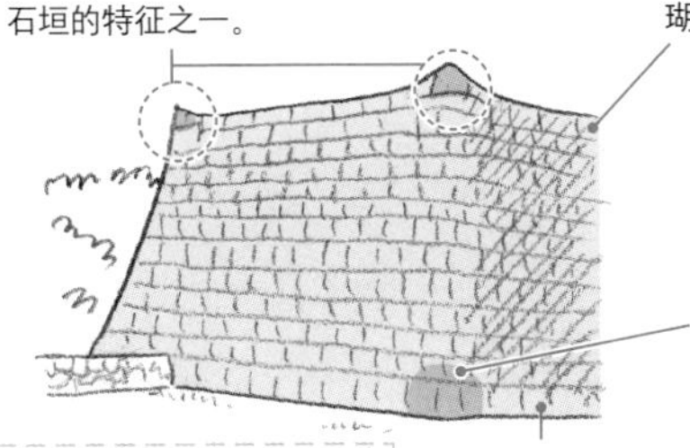

角
石垣的角呈圆角。

堆积方法
门周围采用布积，将修整好的石头毫无缝隙地堆积在一起。其他部分混合采用了野面积和相方积[3]。

胸壁
石垣上建有高 1 米左右的胸壁，内侧为武者走。

data

首里城

所在地：那霸市首里当藏町
交通：冲绳都市单轨电车首里站步行约 15 分钟
主要遗构：石门、石垣（以上为现存），正殿、御岳、城墙（以上为重建）

①由 3 段相内切的圆弧构成的拱形。②为了阻挡雨和雾，在出入口或窗户上方设置的庇。③相方积是将石块切割成四边形、五边形、六边形后堆积。

城用语解说(四)

城的“设施”相关用语

城是军事和行政的大本营，城内有辅助这些职能的建筑。

【番所】

番所是值班者在其中监视入城人员的建筑，一般建在门的附近，朝向要便于监视通行者。如果是大型门，门上往往附有小屋，起到番所的作用。在危急时刻，赶来守卫的士兵可以集结在有的番所中，就像江户城的百人番所，这类番所建筑一般较长。

江户城百人番所(见第32页)

【藏】

城是军事和行政的大本营，保管着各种各样的物品，藏就是为此建造的，包括收纳食品的米藏和盐藏，保存武器的弓藏、矢藏和焰硝藏，保管钱财的金藏等。各类仓库在修建时都十分重视防火和耐火性能，有涂满灰泥的土藏、石头建造的石藏和在地下挖洞的穴藏等。

大阪城焰硝藏(见第125页)

column | 筑城名家马场信房(1515～1575年)

马场信房侍奉武田信玄和武田胜赖，是一名立下无数战功的勇将。他曾向军师山本勘助学习筑城技术，是名垂后世的绳张名家，修筑、改建了牧之岛城（长野县）、田中城（静冈县）等。包括马场信房和山本勘助在内，武田氏系统的绳张特征在于丸马出。丸马出一般位于土垒和堀围成的曲轮的出入口前方，是一处由半圆形土垒和新月形堀构成的小曲轮，守卫着薄弱的出入口，也可以作为出击的据点。继承武田氏谱系的真田幸村在修建大阪冬之阵的真田丸时发展了丸马出这一建筑形式。

小山城丸马出

在据说由马场信房完成绳张的小山城（静冈县）中，人们复原了丸马出。丸马出与城的本丸虎口由横跨堀上的桥相连，即使敌人占领此地，也无法立刻进入城内。

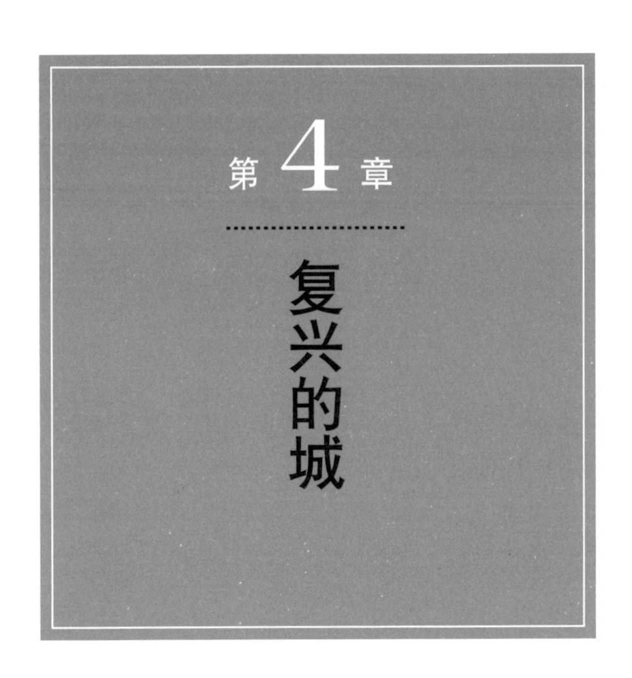

第4章 复兴的城

重要文化财·国家特别史迹

大阪城

初代大阪城是丰臣秀吉为了向天下人显示霸主权威而修建的，雄伟壮观，城中的天守据说有5重6阶。后来，丰臣家在大阪夏之阵中灭亡，城也随之化为灰烬。代替丰臣秀吉一统天下的德川家康为了彰显自身权力，命令诸大名建造了全新的大阪城。我们今天看到的大阪城已经在加高、平整丰臣时代大阪城的基础上重新实施过绳张，并建起了5重5阶的天守。这一天守在1665年毁于雷击，长时间没有重建，直到1931年复兴为5重8阶的钢筋混凝土造天守。

现在的德川大阪城

现在的大阪城是德川氏在江户时代修建的。城内除了复兴的天守，还保留有江户时代的门和橹，以及明治时代的樱门。特别是江户时代的大手门和多闻橹组成的虎口（出入口），传递出这座城的风格。

筑城年：天正11年（1583年）、元和6年（1620年）；形式：平城；筑城主：丰臣秀吉、江户幕府

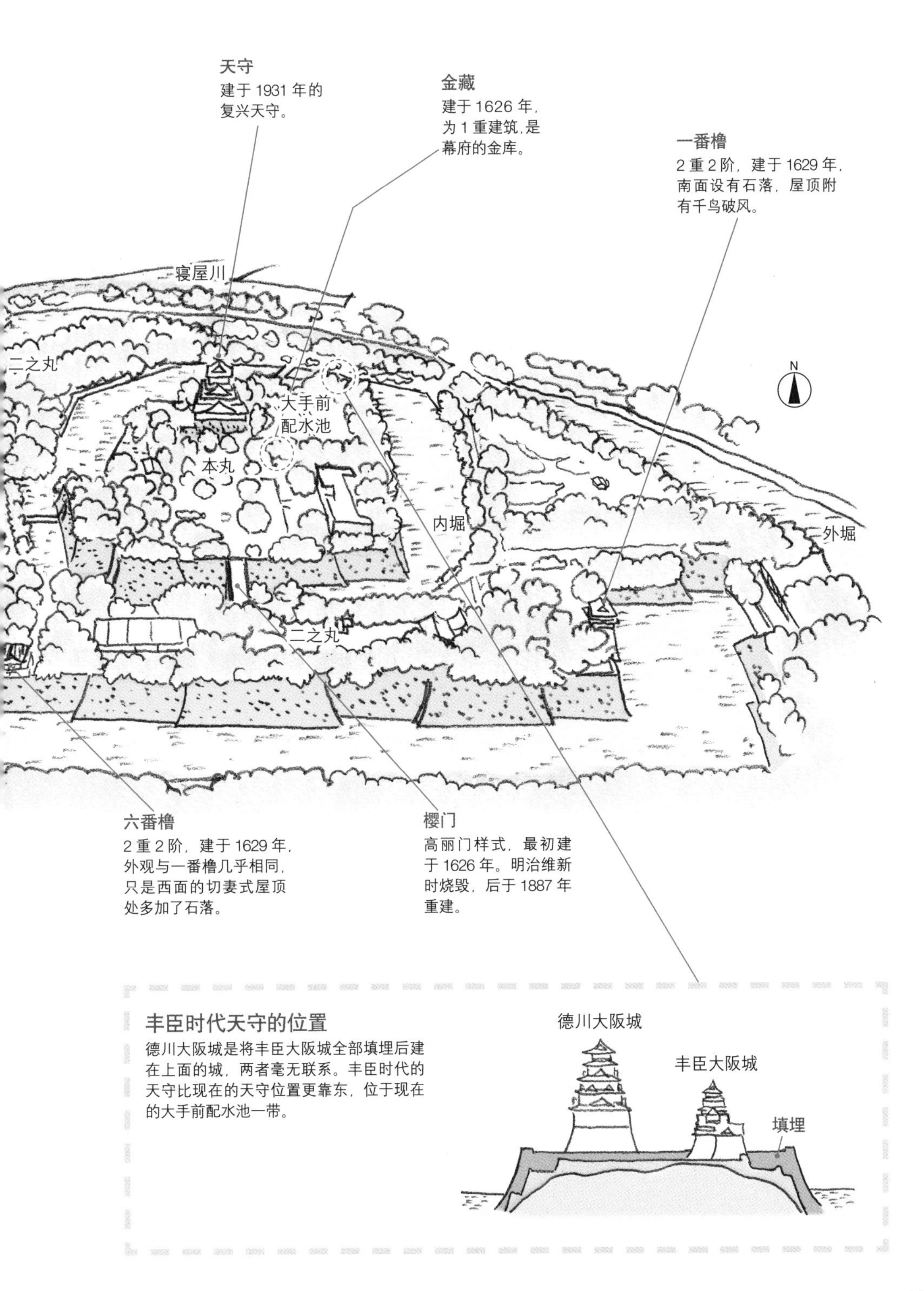

丰臣时代天守的位置

德川大阪城是将丰臣大阪城全部填埋后建在上面的城，两者毫无联系。丰臣时代的天守比现在的天守位置更靠东，位于现在的大手前配水池一带。

以丰臣大阪城为目标的复兴天守

1931 年重建的钢筋混凝土天守是第一座复兴天守。重建工程参考了描绘大阪之战的屏风等，以重现丰臣时代的天守外观为目标。责任设计师为波江悌夫，古川重春负责复原研究与设计。古川研究了桃山时代的建筑，运用当时的风格进行设计，建筑史家天沼俊一和建筑家武田五一监修了方案，最终付诸建设。

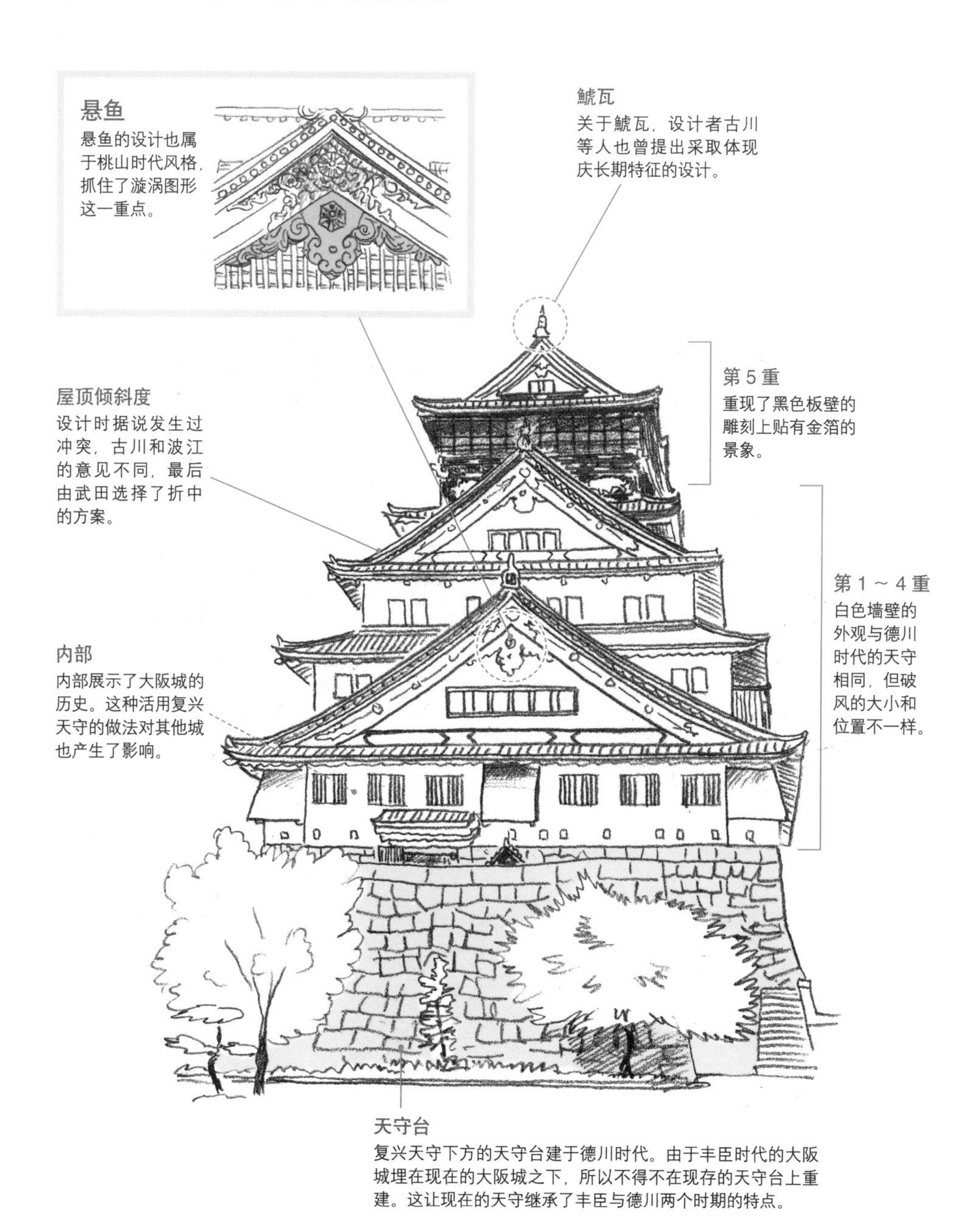

现存的德川时代遗构

对于江户幕府来说，大阪城表明他们才是代替丰臣的掌权者。同时，为了将大阪城建得坚不可摧，成为上方①和西国②名副其实的防御中心，修建了数量众多的橹和门，御殿和藏等建筑也不少。这些建筑多半毁于明治维新前后的混乱和二战期间的空袭，只有少量橹、门和藏保存下来。

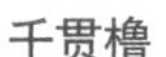

千贯橹

位于大手门旁边。这座橹和乾橹由在茶道方面也声名远播的大名小堀远州监督施工。

窗
面向堀的西侧和南侧设有多扇窗户，便于攻击冲向大手门的敌人。

石落
与窗户一样设在西侧和南侧，起到监视堀的作用。

焰硝藏

曾经是保存大量火药的火药库，发生过一次爆炸事故，现在的建筑是在事故后修建的。

屋顶
天花板和屋顶间填充了黏土。

构造
建于爆炸事故后，柱、梁、墙壁、地板和天花板都为花岗岩造。

壁
石造墙壁厚达2.4米，石头的缝隙间涂满了灰泥。

金藏

曾为幕府金库，用来保管从西国的天领征来的钱财，防盗和防火措施格外严格，内部分为两个房间，地板下铺有石头。

壁
下半部分为城内罕见的海鼠壁，上半部分直到屋檐内侧都涂满了灰泥。

换气口
地板下方的换气口镶有铁格子。为了防盗、防火，窗户和换气口都是2重窗。

门扉
入口处构造严密，由两扇土门和1扇铁格子门组成。

①上方指京都、大阪地方和广阔的近畿地区。②西国指九州地区。

丰臣时代的天守

丰臣时代的天守建于1585年前后，至今尚有很多不明之处，据说为5重6阶，连结式或复合式（见第10页）。黑色的外墙和闪闪发亮的金饰是其外观特征，内部设有正式房间和茶室，其他地方则用来保存武器、服装和宝物等。

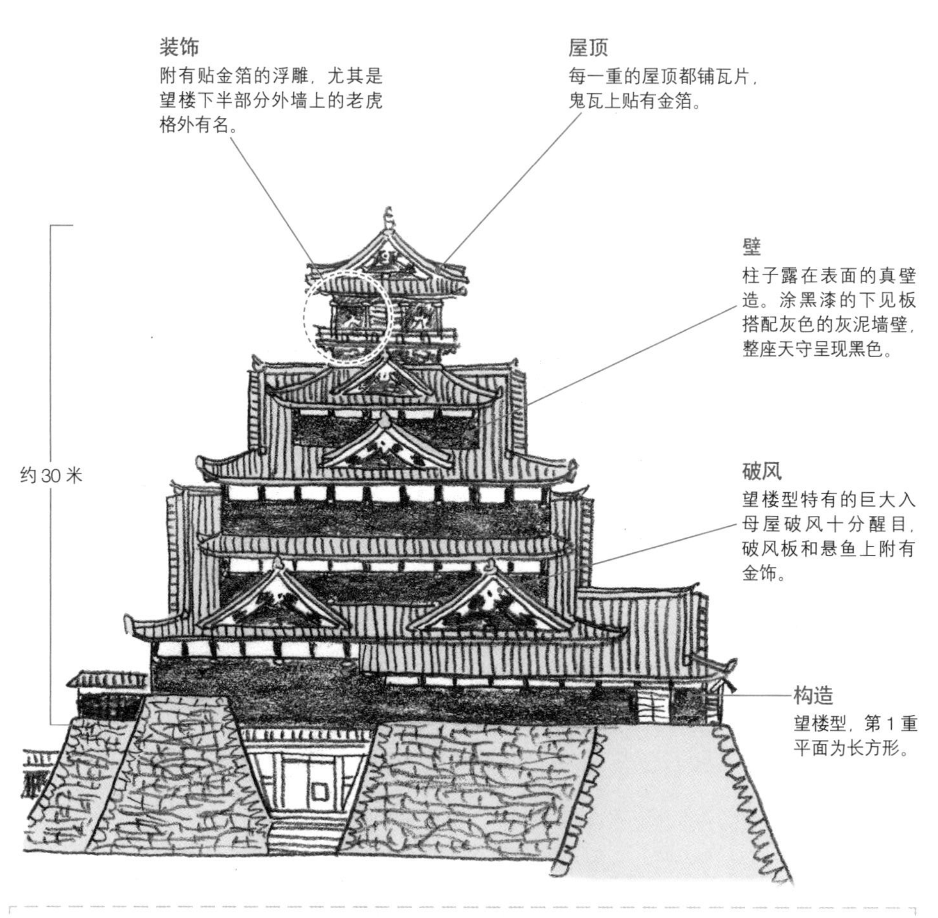

column | 让德川吃尽苦头的坚固出城

在大阪冬之阵中，真田幸村修建了真田丸。这应该是真田幸村参考甲州流的丸马出（见第63页）并进一步发展后筑成的。

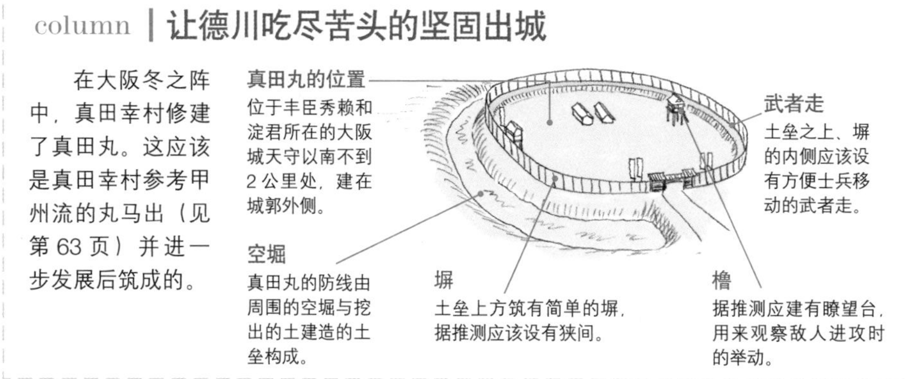

德川时代的天守

1626 年建成的德川时代的天守为层塔型，5 重 5 阶，是一座独立式天守，外墙涂满白色灰泥，看上去神清气爽，破风的设置也很有规律。

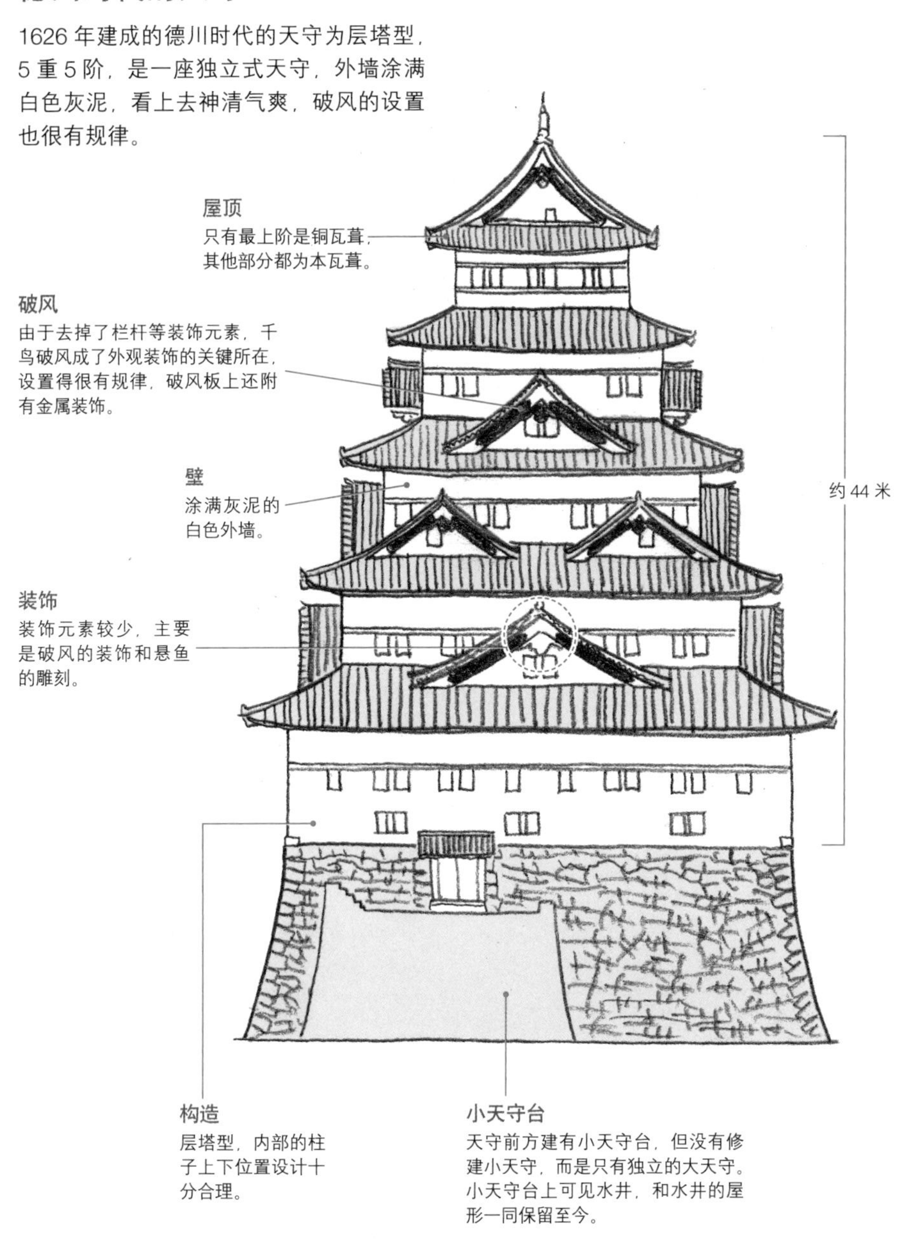

data

大阪城

所在地：大阪市中央区大阪城 1-1

交通：JR 大阪城公园站、森之宫站或地铁天满桥站、森之宫站、谷町四丁目站步行约 15 ~ 20 分钟

主要遗构：大手门、千贯橹、乾橹、一番橹、六番橹、焰硝藏、金藏、金明水井户屋形、樱门（以上为重要文化财，现存），石垣、水堀（以上为现存），天守（重建）

国家史迹　小田原城

小田原城是经由北条氏之手发展起来的城，城东侧的八幡山建有诘城，现在可见的天守附近的曲轮中建有城主的居所。北条氏不断扩大城郭范围，在丰臣秀吉即将进攻小田原之前，城下町也被纳入城郭之内，形成总构①。

到了江户时代，小田原城成为守护江户西侧的重要据点。人们重新实施绳张，建起石垣和天守。天守在两次大地震中受灾，每次都进行了维修、重建，但在明治时代和其他建筑一起被毁。如今城内的建筑都是重建的。

留有北条氏印记的江户时代城郭

战国时代的小田原城是称霸关东的北条氏的大本营，曾经抵抗住了武田信玄和上杉谦信的围攻。进入江户时代后，城主的更迭曾让小田原城几近荒废，但后来这里被视为江户以西的防御要地，得到重新修整。这就是现在人们看到的小田原城，与北条氏时代的城郭已经截然不同。

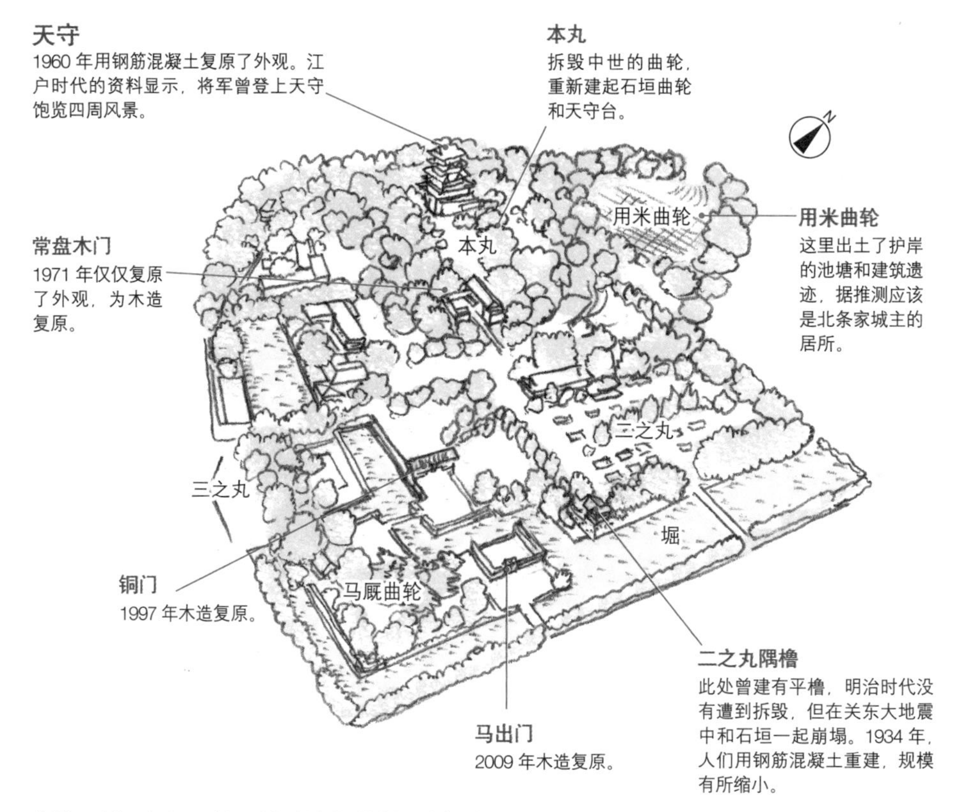

筑城年：宽永 9 年（1632 年）；形式：平山城；筑城主：稻叶正胜

①总构（曲轮）由北条氏修建的土垒和空堀构成，长达 9 公里。

复兴的天守

1960 年用钢筋混凝土复原了小田原城天守的外观。复原以江户时代的图纸和雏形（模型）为蓝本，参考了明治时代解体时的照片，最终确定了设计方案。内部的展览介绍了北条氏与小田原城的历史，以及小田原的产业。

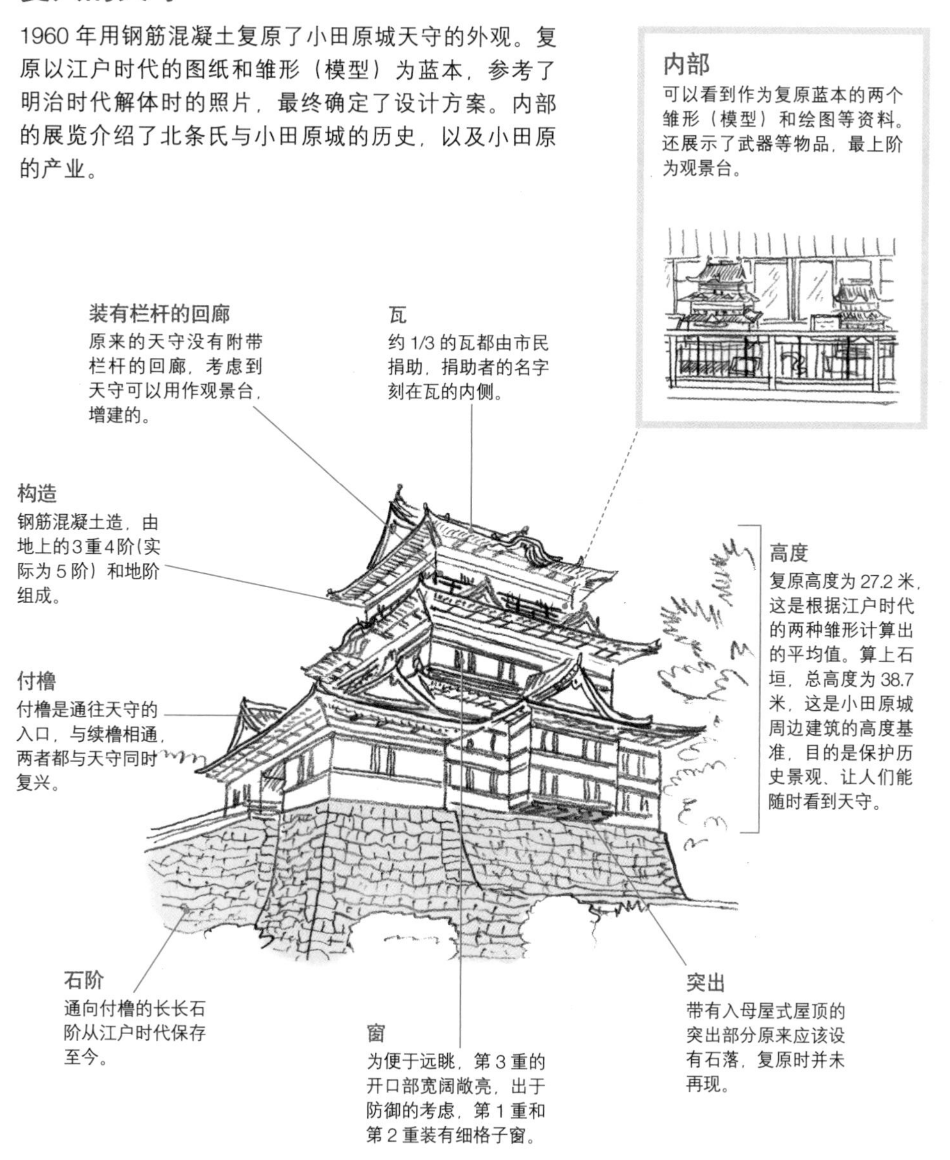

column | 炫耀丰臣权力的传说之城

为了进攻小田原城，丰臣秀吉于 1590 年在俯瞰小田原城的石垣山山顶修建了石垣山一夜城。这座全部由石垣构成的城中建有天守，传说修建时间仅为 80 天，完工后便将周围的树木全部砍倒，让固守小田原城的敌军以为城是一夜之间建好的。城的遗迹中有部分石垣在关东大地震中崩塌，但现在仍能看到曲轮的样子和井户曲轮的石垣。

守备森严的枡形虎口

铜门和内仕切门之间是典型的枡形，土塀和武者走等全部设施都得到复原。这部分的石垣在关东大地震后被移除，但留下了最下方的两层，整体形状一目了然。

住吉堀

底部可见北条氏时代的障子堀和水井。障子堀是在内部设置障碍物以阻止敌军移动的堀。

武者走

为了让士兵从狭间迎击敌人，设置了武者走，得到重现。

枡形虎口

雁木

枡形中设有可以登上武者走的台阶。

土塀

土塀的复原采用了传统技法，在墙胎上涂抹了多层泥土。

铜门

位于二之丸入口的门，根据发掘调查、绘图资料和老照片木造复原，采用了传统技法。下半部分的门上镶有铜板，上半部分的橹外墙涂有灰泥。

梁

梁使用了粗壮的松木，表面用锛削磨处理，与当年相同。

门

柱子和门扉上镶嵌的铜板起装饰和防御作用，这也是铜门这一名称的由来。

尺寸

根据江户时代的绘图和史料上的数据设计而成。

住吉桥

连接铜门与其前方内仕切门的桥，先于铜门在1989年复原。靠近门的一侧为弧形木桥，另一侧为土桥，危急时刻可以切断木桥，阻止敌人入侵。

木桥

栏杆和桥脚分别使用了日本扁柏和松树，桥板和桥桁用罗汉柏。其中桥脚与发现的旧桥脚用材一致。

内仕切门

开在石垣中的埋门。

铜门

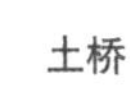

桥脚

人们在堀的土中发现了3根江户时代的桥脚，由此判定桥的正确位置与规模。

住吉堀

架有桥的住吉堀曾在昭和初期被填满，后得到复原。

再现江户时代英姿

城内建于江户时代的所有建筑都已不复存在，复原是从相对古老的建筑开始的。近年来的修整以恢复大手筋这一标准登城路线为目标，马出门等建筑也迎来了重建。

常盘木门

本丸的正门，为橹门样式。参考老照片，外观采用木造复原。内部没有原样重现，而是开辟为展览空间。

马出门与内冠木门

马出门为高丽门样式，内侧的控柱附有顶，根据发掘调查结果、史料和类似的门，采用传统技法木造复原，与内冠木门（高丽门）共同形成虎口。

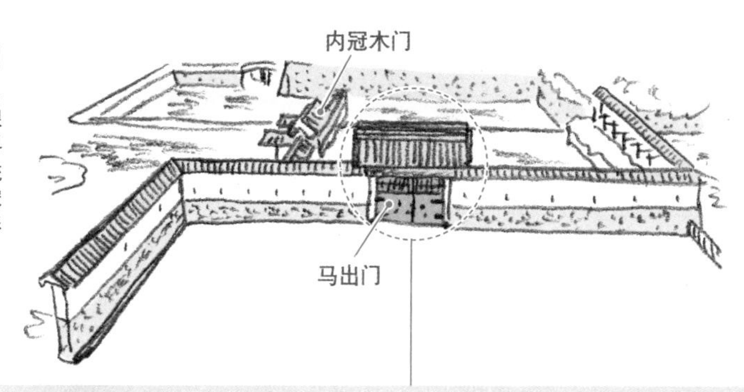

马出门

原来的样子已经不得而知，立面参考了江户城清水门等样式相同的门。

data

小田原城

所在地：小田原市城内 6-1
交通：JR 小田原站步行约 10 分钟
主要遗构：石垣、堀、土垒（以上为现存），天守等（重建）

MEMO：如今，考虑到天守的抗震性，人们正在讨论木造复原的可能性。要实现这一想法，还有很多问题需要解决，比如应对建筑、防灾方面的法律，以及建设资金的筹集等。如果能从雏形和绘图出发，提出更正确的复原方案，或许能提高木造复原的可能性。

忍城

忍城是成田氏的大本营，连北条氏康和上杉谦信都没能攻下，即使在被石田三成担任大将的丰臣大军包围时，也一直坚持到了主君投降，因此名扬四海。在江户时代，忍城作为江户北方的要塞受到重视，17 世纪下半叶到 18 世纪初进行了扩建和整修，代替天守的御三阶橹也建于这一时期。

忍城也因明治废城令失去了所有建筑，填埋让浮城的景象消失殆尽。二战结束后，人们复兴了御三阶橹的外观，并在本丸周边建起了今天的公园。

重现的景观

曾经的忍城利用了沼泽和池塘中的小岛，用桥连接起独立性极强的曲轮，但废城后被填埋，这一景象几乎完全消失。如今，御三阶橹、东门和前方的堀与桥虽然建在与过去不同的地方，但还是能让人想到往日的风景。

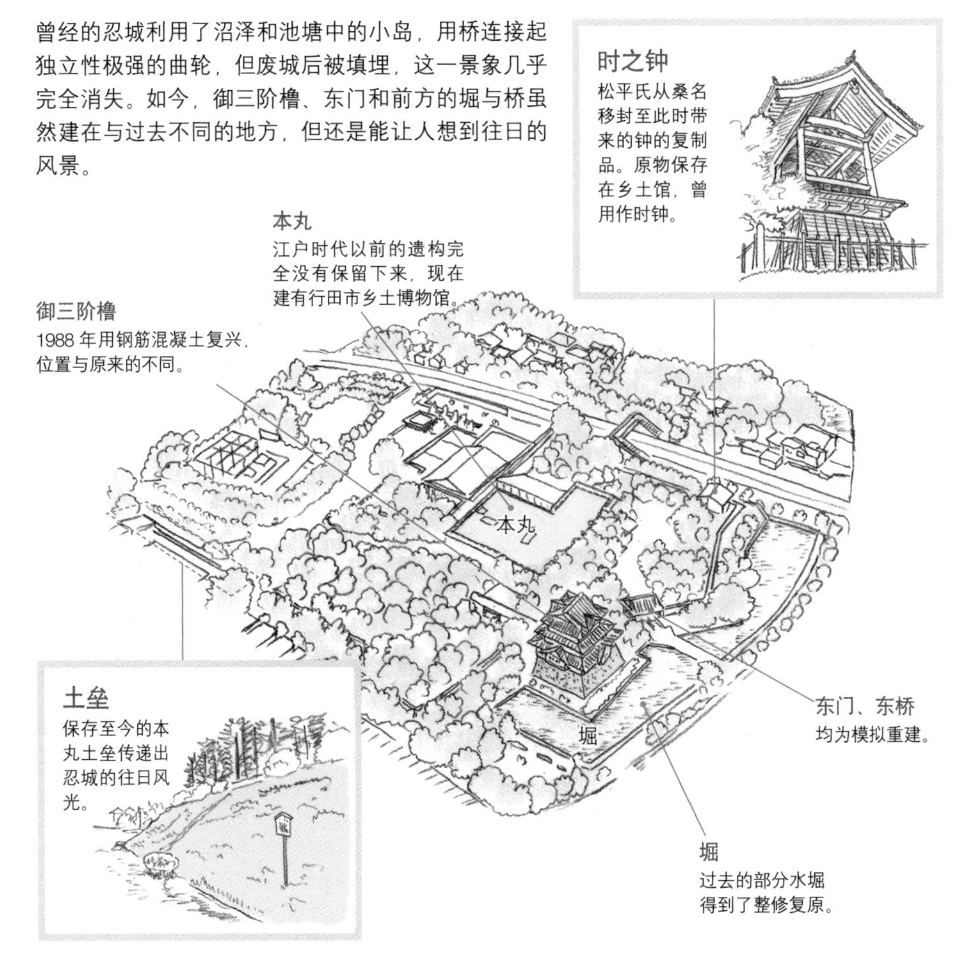

筑城年：15 世纪后半叶；形式：平城；筑城主：成田氏

顶住水攻的浮城

丰臣秀吉进攻关东时，石田三成率领约 3 万军队包围忍城，筑起堤坝（石田堤，部分现存）进行水攻，因大雨决堤，以失败告终。直到小田原城的北条家投降，忍城都岿然不动。顶住水攻让浮城之名天下皆知。下方的插图描绘了以忍城为蓝本推测的水攻情景。

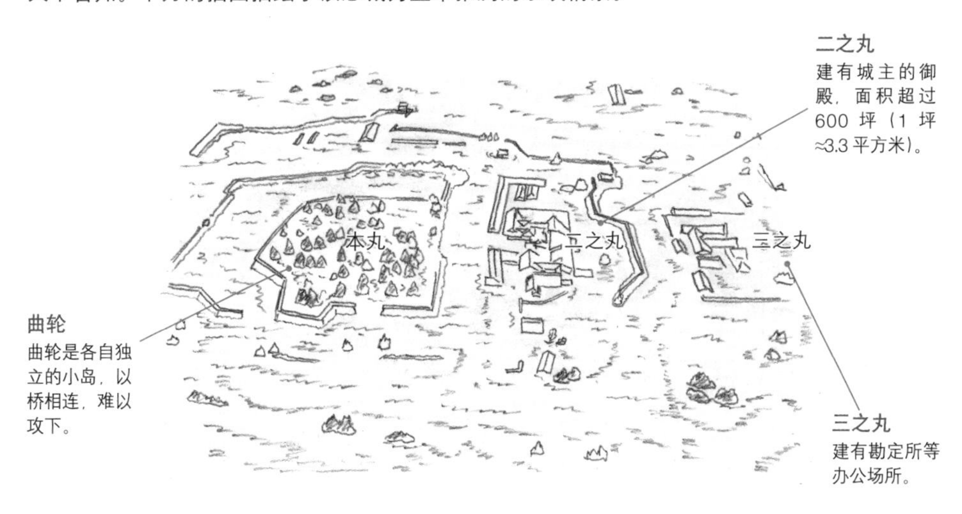

重建的御三阶橹

忍城中代替天守的御三阶橹是 1988 年用钢筋混凝土重建的。由于没有老照片存世，重建参考了明治初年的绘图。重建的位置和原来的不同，移到了本丸内，土塀、东门和桥也一同模拟重建。

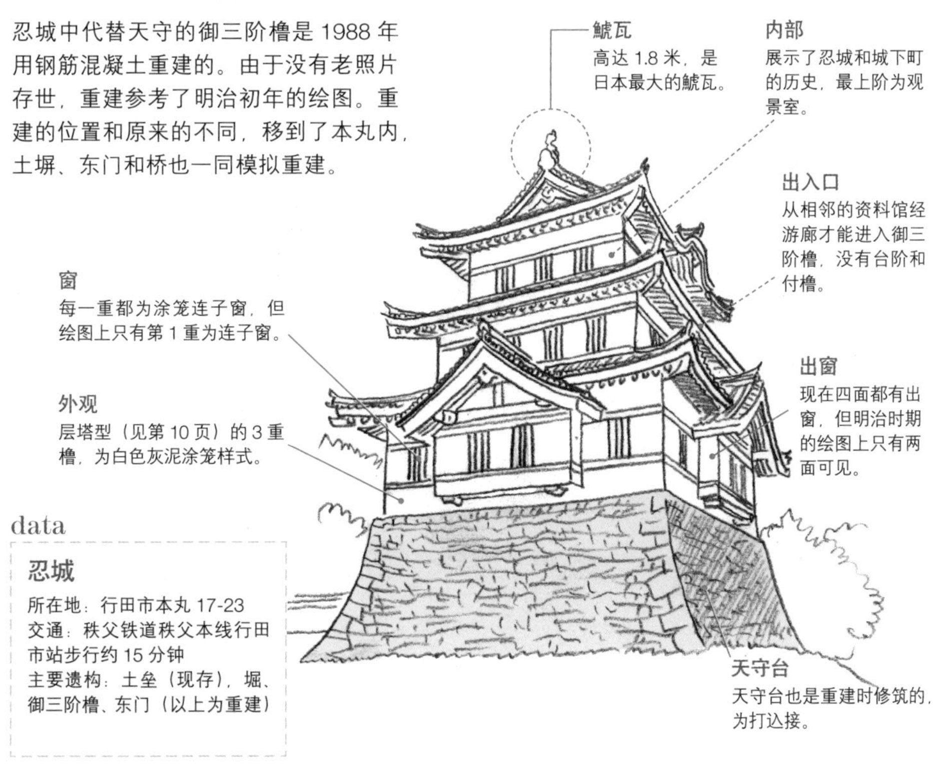

data

忍城

所在地：行田市本丸 17-23
交通：秩父铁道秩父本线行田市站步行约 15 分钟
主要遗构：土垒（现存）、堀、御三阶橹、东门（以上为重建）

大垣城

大垣是临近不破关的交通要冲，在 16 世纪筑城，是织田氏和斋藤氏争斗的舞台，并在关原之战中成为西军的大本营。羽柴秀吉的家臣一柳氏和伊藤氏担任城主时建造了天守，后在江户时代的城主户田氏统治时期变为 4 重天守。

到了明治时代，大垣城内很多建筑被拆除，保存下来的天守和艮隅橹被指定为旧国宝，但在二战中烧毁。战后，天守、橹和门等完成了外观复兴。2011 年的改建让大垣城变得更加忠于原貌。对比天守的现状与旧貌也是参观的乐趣之一。

水堀环绕的绳张

大垣城的特点是曾经环有 4 层水堀，但现在几乎都已被填埋。当初，本丸和二之丸仿佛浮在堀中，由桥梁相连。此外，外郭的各出入口曾经建有枡形，现在也已不复存在。

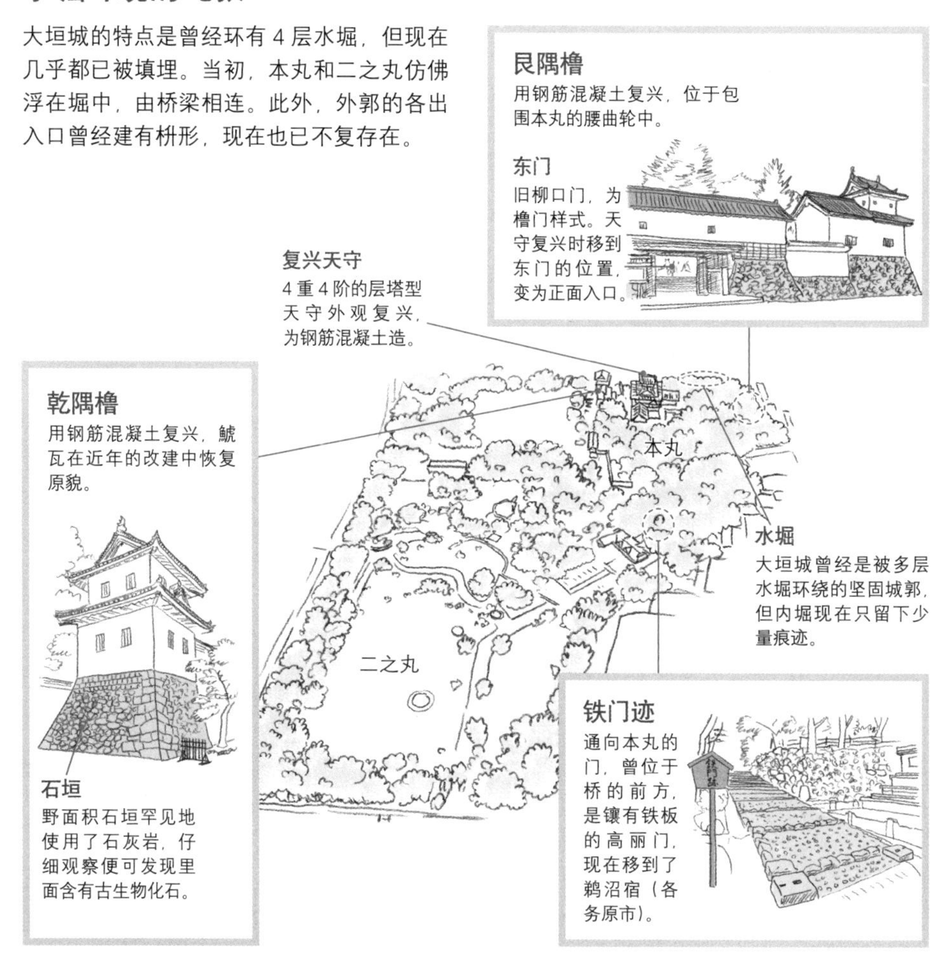

筑城年：庆长元年（1596 年）；形式：平城；筑城主：伊藤祐盛

接近旧国宝的天守改建

复兴大垣城的天守时，其实可以根据二战前的实测图纸和老照片复原外观，但后来还是增建了观景台，建成复兴天守。随着时代变迁，越来越多人开始追求复原建筑在考证基础上的准确度，平成时期的改建让大垣城重新接近作为旧国宝时的面貌。图中为改建前的样子。

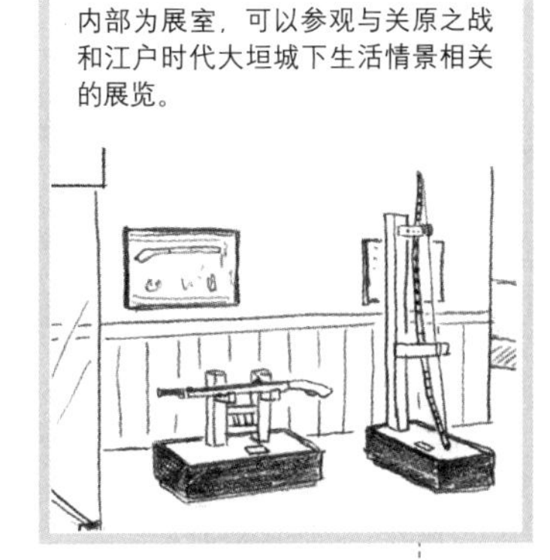

内部

内部为展室，可以参观与关原之战和江户时代大垣城下生活情景相关的展览。

观景室

最上阶为观景室。

金属装饰

为了恢复原貌，改建时去掉了复兴时破风等的金属装饰。

第 4 阶的窗

复兴时优先满足观景需求，窗户曾建得很大，改建后恢复了原来的大小。

破风的狭间

千鸟破风上的狭间再现了江户时代的天守模样。

4 重之姿

关原之战前后的天守为 3 重，1620 年改建为 4 重。

data

大垣城

所在地：大垣市郭町

交通：JR 大垣站步行约 10 分钟

主要遗构：石垣（现存），天守、付橹、艮隅橹（以上为复原），东门（移建）

清洲城

清洲位于驿道的交汇点，于 15 世纪时修筑。16 世纪中叶，这里成为织田信长的大本营，他从这里出兵桶狭间，迈出了统一大业的第一步。织田信长死后，决定继承人的清洲会议在清洲城召开，丰臣秀吉在这里踏上了一统天下的道路。后来，织田信长的儿子织田信雄修建了 2 重堀和大守，但随着德川氏建起名古屋城，整个町都移到了名古屋，清洲城被废，建筑也不复存在。如今，人们在城址旁筑起模拟天守，继承清洲城之名。

模仿桃山时代的天守

没有任何描绘清洲城天守的绘图流传于世，其规模也不甚明了。如今建起的天守再现了桃山时代城的设计，与江户时代涂满灰泥的白色天守不同，装饰丰富多彩。

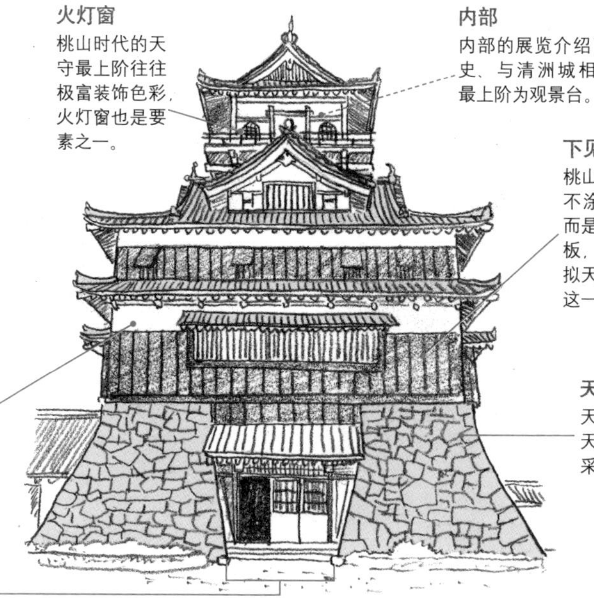

column | 清洲搬迁

关原之战后，控制了尾张国的德川家康为了对抗大阪的丰臣氏，以及治理水害，开始建设尾张的新中心——名古屋城。清洲的大规模转移不仅限于武士、町人和寺社，清洲城的天守还移为名古屋城的橹，清洲城从此荒废。同样规模的转移还有从安土迁至近江八幡。

data

清洲城

所在地：清洲市朝日城屋敷 1-1
交通：名铁新清洲站或 JR 清洲站步行约 20 分钟
主要遗构：模拟天守

筑城年：应永 12 年（1405 年）；形式：平城；筑城主：斯波义重

国家史迹　洲本城

淡路岛是水军的重要据点，洲本城是水军将领安宅氏修建的。这座城在仙石氏和胁坂氏统治时期变为大规模的石垣城郭。当时，这里是丰臣秀吉进攻四国的据点，也是大阪城西部的防御点。江户时代，阿波的蜂须贺家的家老稻田家族负责治理淡路岛。将政厅从由良迁回洲本之际，稻田家修建了山麓的御殿和城下町。到了明治时代，城内所有建筑几乎都被破坏。现在的天守建于 1928 年，是日本第一座钢筋混凝土造的模拟天守。罕见的登石垣也是洲本城的看点。

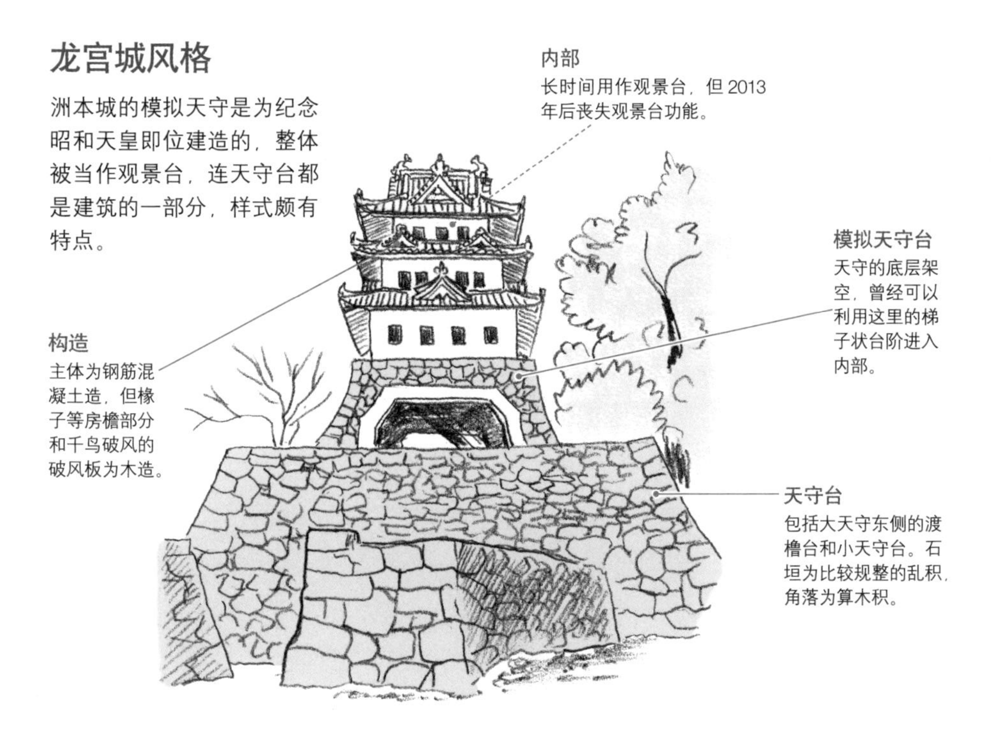

data

洲本城

所在地：洲本市小路谷（山上）、山手 1 丁目（山麓）
交通：山麓的居所乘巴士在公园前下车即到，前往山上步行约 40 分钟
主要遗构：天守台、石垣、堀（以上为现存），模拟天守（重建）

筑城年：天正 10 年（1582 年）；形式：山城；筑城主：仙石秀久

column ｜正式改修中的问题

1998 年，文部科学省宣布“史迹内的建筑复原，原则上要依据严密的考证”，即使是对模拟天守进行大规模修理，也必须考证。洲本城的天守没有史料存世，可能无法进行大规模的改建或重建。

后　记

当我为了本书重新拜访各个城郭并查找资料时，不禁觉得城果然很有意思。走遍城中的每个角落，可以感受到实施绳张的武将们的智慧与热情，想象石垣、土垒和堀的普请中人们的活力。看到天守、橹和门的坚固与优美，我会发自内心钦佩木匠们的用心。此外，二战后的天守重建与乡土复兴相结合，木造复原天守是对原物的追求，从中能感受到时代性。本书虽然没有涉及城内的宗教设施和空间，但那同样引人注目。如果大家看了这本书，能够感到欢欣雀跃，并且想去看一看城，我将倍感幸福。

书中介绍了 32 座城，从只有石垣的城迹到建有天守的城，都有所涉及。当然，还有许多书里未提及的城也很有看点，我曾经苦恼了很久，究竟该选择哪些城。最终选中的城以天守和御殿等主要建筑为基准，如果没有留下这些建筑，则主要介绍绳张的意图和过去的模样，两种城都以遗构为中心撰文。根据天守的状况，将保存至今的城分为拥有现存、复原、复兴和模拟天守这 4 类，说明建筑的特征和值得关注的地方。近代以来重建、新建的建筑，本书还介绍了设计的依据和过去的模样，以及建设中使用的材料、技术和构造方法。如果将建筑看作文化财，那么江户时代以前的遗构显然十分重要，但二战后重建并长期受到当地市民喜爱的建筑也不少。本书尽量以同样的视角看待这些建筑，向大家传递它们各自的有趣之处与历史渊源。面对这些时代、材料和建造目的各不相同的建筑，我们首先要去看、去体验，试着沉浸其中，这样的城郭巡游不是很有意义吗?

如今，各地的城都有天守等建筑的复原计划，人们对此意见不一。此外，游客的增加和随之而来的整修会损坏作为史迹的城，还有些城在地震和大雨等天灾中受损。面对现代的城，这类必须思考的问题还有很多。本书选取了各式各样的城及城中建筑，如果阅读本书能让大家开始思考城的复原和保存，那再好不过了。

最后，我要对提供出色插图的伊藤良一和编辑制作出这本好书的 g.Grape 的安永敏史表示感谢。

米泽贵纪

参考文献

【关于某一特定城的文献】

内藤昌,《复原安土城 信长的理想与黄金天主》,讲谈社选书 métier,1994 年 5 月

小松和博,《江户城 历史与构造》,名著出版,1985 年 12 月

铃木充,《松山城的二之丸大井户》,《月刊文化财》No.266,第一法规,1985 年 11 月

《名古屋城重建 寄托在钢筋之城的希望》(名タイ昭和文库 1),树林社,2010 年 4 月

加藤理文,《穷尽熊本城》,sunrise 出版,2011 年 10 月

《熊本城》,学习研究社,2000 年 5 月

《熊本城》,熊本日日新闻社熊本日日新闻情报文化中心,1997 年 9 月

我妻建治、平井圣、八木清胜,《复苏的白石城》,碧水社,1995 年 5 月

东海道挂川宿振兴会,《挂川城 平成的筑城》,东海道挂川宿振兴会,1994 年 4 月

榛村纯一、若林淳之编著,《挂川城的挑战》,静冈新闻社,1994 年 3 月

广岛市文化财团广岛城编,《筑城》,广岛市市民局文化体育部文化财担当,2007 年 10 月

广岛市历史科学教育事业团广岛城编,《天守阁重建物语》,广岛市历史科学教育事业团广岛城,1993 年 6 月

三浦正幸,《伊予大洲城天守雏形与天守复原》,《日本建筑学会四国·九州支部研究报告》第 9 号,1993 年 3 月

锅岛报效会编,《历代藩主与佐贺城》,锅岛报效会,2011 年 9 月

佐贺城本丸历史馆,《佐贺县立佐贺城本丸历史馆》,2004 年 8 月

《首里城的设计》,海洋博览会纪念公园管理财团,2011 年 7 月

大阪城天守阁编,《天守阁复兴 大阪城天守阁复兴 80 周年纪念特别展》,大阪城天守阁,2011 年 10 月

宫上茂隆,《秀吉筑造大阪城本丸的复原》,《季刊大林》No.16,大林组,1983 年

小田原城天守阁编,《复苏的小田原城 史迹整备 30 年》,小田原城天守阁,2013 年 10 月

《大垣城物语》,麋城会,1985 年 4 月

《史迹洲本城》,洲本市立淡路文化史料馆,1999 年 10 月

角田诚、谷本进编,《淡路洲本城》,城郭谈话会,1995 年 12 月

冈本稔、山本幸夫著,《洲本城指南》,Books 成锦堂,1982 年 4 月

【概述城与建筑的文献】

阿久津和生,《大人与孩子的绘本 1 城的修建》

太田博太郎,《日本建筑史基础资料集成十四 城郭一》,中央公论美术出版,1978 年 7 月

太田博太郎,《日本建筑史基础资料集成十五 城郭二》,中央公论美术出版,1982 年 7 月

坪井清足、吉田靖、平井圣监修，《复原大系 日本的城》，1992 年 3 月～ 1993 年 8 月
内藤昌编，《视觉版 城的日本史》，角川书店，1995 年 6 月
中村达太郎，《日本建筑词汇（新订）》，中央公论美术出版，2011 年 10 月
西谷恭弘，《复原图谱日本的城》，理工学社，1992 年 1 月
西谷恭弘、多正芳编，《城郭看点事典 东国编》，东京堂出版，2003 年 9 月
西谷恭弘、多正芳编，《城郭看点事典 西国编》，东京堂出版，2003 年 9 月
日本城郭史学会编、西谷恭弘监修，《名城的“天守”总览 天守的表面构成与实像》，学习研究社，1994 年 6 月
日本城郭协会编、井上宗和监修，《图说日本城郭史》，新人物往来社，1984 年 7 月
日弃贞夫摄、中村良夫著，《探寻吧，日本之形二 城》，山与溪谷社，2003 年 1 月
平井圣监修，《复原日本的城》，学习研究社，2002 年 12 月
平井圣，《图说 日本城郭大事典》全 3 卷，日本图书中心，2000 年 5 月
藤井尚夫，《复原记录 战国的城》，河出书房新社，2010 年 1 月
藤冈通夫，《原色日本的美术第十二卷 城与书院》，小学馆，1968 年 3 月
三浦正幸监修，《城的一切》，学研出版，2010 年 7 月
三浦正幸监修，《图说·天守的一切》，学习研究社，2007 年 4 月
三浦正幸监修，《城的建筑方法图典》，小学馆，2005 年 3 月
《周刊访名城》全 50 卷，小学馆，2004 年 1 月～ 2005 年 1 月
《复苏的日本城》全 30 卷，学习研究社，2004 年 4 月～ 2006 年 4 月
《日本城郭大系》，新人物往来社，1979 年 6 月～ 1981 年 5 月
此外，还参照了各修理、复原工程的报告书，各自治体、城郭、博物馆等发行的宣传手册与刊物

插图资料协助

（第 30 ～ 31、52、126 ～ 127 页）文化财学三浦研究室
（第 58 页）姬路市立城郭研究室
（第 64 页）松本市教育委员会、松本城管理事务所
（第 67 ～ 68 页）彦根市文化财科
（第 71 页）犬山城管理事务所
（第 75 页）松山城综合事务所
（第 83 页）名古屋城综合事务所
（第 87 页）熊本城综合事务所
（第 89 页）白石市教育委员会
（第 90 页）白河市历史民族博物馆
（第 94 页）新发田市教育委员会
（第 97、99 页）挂川市地域支援科
（第 113 页）大洲城管理事务所
（第 115 ～ 116 页）佐贺县立佐贺城本丸历史馆

图书在版编目（CIP）数据

日本名城解剖书／〔日〕中川武监修，〔日〕米泽贵纪著；史诗译．—海口：南海出版公司，2016.10
ISBN 978-7-5442-8491-2

Ⅰ．①日… Ⅱ．①中…②米…③史… Ⅲ．①城市建筑－介绍－日本 Ⅳ．①TU984.313

中国版本图书馆CIP数据核字（2016）第201017号

著作权合同登记号 图字：30-2016-049

日本名城解剖书
〔日〕中川武 监修
〔日〕米泽贵纪 著
史诗 译

出　　版　南海出版公司　（0898）66568511
　　　　　海口市海秀中路51号星华大厦五楼　邮编 570206
发　　行　新经典发行有限公司
　　　　　电话（010）68423599　邮箱 editor@readinglife.com
经　　销　新华书店

责任编辑　崔莲花
特邀编辑　余梦婷
装帧设计　宋　璐
内文制作　博远文化

印　　刷　北京天宇万达印刷有限公司
开　　本　787毫米×1092毫米　1/16
印　　张　9
字　　数　120千
版　　次　2016年10月第1版
印　　次　2018年9月第3次印刷
书　　号　ISBN 978-7-5442-8491-2
定　　价　45.00元